犬が死ぬとき
後悔しないために

改訂版

獣医師が教える、
愛犬を長生きさせる方法

青井すず

THE GOOD BOOKS ON THE EARTH
TWJ BOOKS

はじめに

「犬は死ぬとき、後悔するのでしょうか？」

人は死ぬときに何かしらの心残りがあり、「後悔する」ことを避けられないといいます。
それにひきかえ、犬はどうでしょうか？

この問いについて、あなたもぜひ一度考えてみて下さい。

私はこれまでに、のべ500頭近い動物の死を見てきました。
私の両親は獣医師をしていたので、私は物心ついたときにはすでに動物病院の上で暮らしていました。そして、自分自身も獣医になってからは、なおさら動物の死は避けては通れない経験です。

そんな中で考えてみると、後悔して息絶える犬は一匹もいませんでした。もちろん、犬が自分の気持ちを言葉にすることはないので、この答えはあくまでも、犬の行動や表情から読み取った推測にすぎません。しかし、ただ何となく当てずっぽうで言っているわけではなく、私が犬と関わって、犬の気持ちを理解するように訓練してきた上での見解です。

あなたの答えはどうですか?

「犬は死ぬ時に後悔したりはしない」という答えに異論を唱える人は、案外少ないのではないでしょうか。なぜなら、犬を飼っている人、もしくはきちんと犬と関わったことがある人なら大抵感じることだと思いますが、犬は人のようにまわりくどいことをしません。与えられた「今」を全力で生きています。

人でも明日死ぬかもしれないと思って毎日を大切に過ごしてきた人は、そうでない人に比べて死ぬ前にする「後悔」が格段に少ないそうです。だとすると、ほぼ100パーセント全力で楽しいこと（おやつとごはんと遊びとお散歩などですね・・・）だけを考えて過ごしているワンコに、死ぬ前の後悔なんてあるわけがありませんよね。

では、どうして私がこの本を書こうと思ったのか。すべては、犬の「飼い主」である、あなたのためです。

人は本当に様々な後悔をします。自分の人生を悔やむのも辛いことですが、言ってしまえば、その時はもう死ぬ時です。しかし、自分より先に旅立つ愛する者の死を見送ったあとの「後悔」は、あなたの人生に想像を絶するくらい辛い時間を与えます。

犬が無邪気で一途にあなたを思ってくれていたからこそ。

犬が毎日を精一杯に生きているからこそ。

そのことに気がつかないでいたあなたは、もしかすると自分の肉親を失ったとき以上の「後悔」をすることになるかもしれません。

そういう私自身も、子供の時から何匹の動物との「辛い別れ」を体験したかわかりません。飼っていた大好きな犬の死に加えて、数日前にあいさつした入院中の犬を看取ることもありました。その当時は、動物の死を受け入れる術もなく、後悔について考えることもなく、弱った動物を励ますことしかできない自分がもどかしくて、自分はいかに無力な存在かと感じていました。そして大人になり両親と同じ獣医師という仕事に就いた今では、さらに「死」ととなり合わせです。獣医は死を直視し、死と闘い、時には動物が苦しまないように死を受け入れる決断を迫られる、そんな仕事とも言えます。

たくさん見てきたからといって、動物の死に対して慣れることは決してありません。毎回、同じように辛い思いをします。「動物好きなのに可愛い動物の最期を見届けるなんて、よくそんな辛い仕事できますね。」そう言われることもあります。

じつは、絶望感や無力感に負けることなくこの仕事を続けて行けるのにはある秘訣があるのです。

それは、「いかに後悔しないように事前に行動するか」にかかっています。

私が幼い頃からの辛い体験や失敗を通じて、自分なりに悩んでたどり着いた答えです。これは私のような動物と関わる仕事に就いていなくとも、動物と暮らしていたり、触れ合うことがあるすべての人に当てはめることができる法則です。そうは言っても、自分が後悔すると分かっていたら、大抵の人はすでに行動しているはずですよね。それでも、後悔する人がたくさんいるのはなぜか?

それは、口がきけない犬の気持ちを理解するのはむずかしく、犬の体調を把握することはなおさらむずかしいことだからではないでしょうか。日々診察をしていると、多くの人が一緒に暮らしている動物に対して圧倒的に情報不足だと痛感します。まちがった情報にふりまわされてお金をムダにしたり、犬の健康を損ねてしまう人もいます。

情報不足によって悲しんだり、後悔したり、自分を責めたり、ペットロスに陥る人も見てきました。

逆に、いい決断をして病気がよくなったり、犬とのうらやむような関係を築いている人も知っています。そういったことを伝えられるのは動物病院のスタッフ、とくに獣医なのではないでしょうか。そもそも、私がメールマガジンやブログを使って情報発信を始めたのもそんな気持ちからでした。

犬を飼い、犬を愛する人たちにもっと知っておいてもらいたいことがあります。明確な答えのあることばかりではありませんが、私が見て聞いて、悩んで考えさせられ、そこから学んだこと。それを、実際のエピソードをまじえてそのままお話しします。

〝情報不足でどうしていいかわからない〟〝判断に困る〟など、迷ったときにはこの本があなたにヒントをくれるはずです。

この本は、よくある基本的な犬の飼い方やしつけ方の本ではありません。そこから一歩も二歩も踏み込んだ内容になります。だからと言って、上級者だけに向けて書かれているわけでもありません。今までの犬の本ではあまり詳しく語られてこなかったけれど、犬と暮らしはじめたそのすべての人に必要な考え方や知識をまとめた本です。タイトルから一見すると、「犬を飼っている人が後悔しないための本」ですが、それと同時に普段の犬の暮らしの質をもっと向上させ、さらには寿命まで延ばしてしまうほどのパワーがこの本にはあります。

しかし、読んだだけでそんな魔法が叶うとは決して思わないでください。読んで、実際にあなたが動かなければ、残念ですが何も変わらないでしょう。話を聞いただけで満足するのか、実際に言われた通りにやってみて、愛犬との輝かしい未来を手に入れるのかはあなた次第です。

ちょっと偉そうなことを言ってしまいましたが、「後悔しないための行動を動物が元気なうちにしておく」これさえできれば、あなたが罪悪感や無力感にさいなまれたり、ペットロスとよばれる泥沼に陥ることを防げると信じています。

今はまだ元気で、シッポを振ってあなたを見上げている愛犬を見て下さい。まだ間に合います！　どうか後回しにせず、今日から始めてください。

目次

はじめに …… 002

第1章　犬の暮らし編 …… 017

REGRET-01
・あまり散歩にいかなかったこと …… 018
18歳まで生きたご長寿犬レイちゃん。健康の秘訣は「毎日欠かさない散歩」だった！

REGRET-02
・ブラシを毎日かけてやらなかったこと …… 026
抜け毛に耐えきれず犬を玄関につないでしまった飼い主さん。正しいシャンプーとブラッシングで解決しましょう！

REGRET-03
・歯を磨かなかったこと …… 034
歯の病気によるストレスは犬も人間も同じ。〝食べたらすぐ歯磨き！〟で愛犬の人（犬）生は必ず好転する！

REGRET-04
・おやつ・おもちゃ選びを間違えたこと……042
硬すぎるおやつ・おもちゃに要注意！ 大切な歯を折らないための見極め方、教えます

REGRET-05
・遊びに連れて行ってやれなかったこと……050
一生の宝物になる思い出はありますか？ 愛犬が若くて元気なうちに出かけましょう！

第2章 犬の気持ち編……059

REGRET-06
・信頼関係をつくれなかったこと……060
今からでも遅くない！ 愛犬との関係を改善すれば突然の病気や怪我にも強くなる

REGRET-07
・気持ちを理解しなかったこと……068
犬の行動・思考パターンを知って、犬の気持ち、心のサインを見逃さないでください！

REGRET-08
・約束を守れなかったこと …… 076
常に心に留めておきたい「犬の十戒」。犬の一生を決めるのは誰でもない、あなたです！

REGRET-09
・愛情に気がつかないでいたこと …… 084
病院に置き去りにされたマリーは今でもお兄さんを待っている…
捨て犬の現状を知って、できることからはじめましょう！

第3章　犬の健康編 …… 095

REGRET-10
・食べさせすぎてしまったこと …… 096
食べさせ放題でハッピーというわけにはいかない！無気力、倦怠感、さらには寿命も縮める肥満の恐怖

REGRET-11
・良いドッグフードを選ばなかったこと …… 104
愛犬の健康を本気で考えるのならば、流行りや見た目に惑わされず
信頼・歴史・実績のあるドッグフードを選びましょう

・REGRET-12 知らないうちにストレスをかけていたこと …… 112
犬にストレスをかけずに長生きしてもらうために、今度こそ本気で禁煙してみませんか？

・REGRET-13 インターネットにだまされたこと …… 120
中には愛犬の健康を害するシロモノも…真偽不明の情報が飛び交うインターネットにご用心

・REGRET-14 老いに気がつかなかったこと …… 130
老化を見逃して習慣が負担になっていませんか？ 愛犬の年齢は人間に換算するのが有効です

第4章　犬の病気編 …… 139

・REGRET-15 病気を見逃していたこと …… 140
手遅れになる前に定期的な健康診断で愛犬に潜む病気を早期発見！ これが究極の長生き法です

REGRET-16
・病院を適当に決めたこと …… 148
良い病院の条件や医療費の相場をチェック！ 愛犬が健康なうちにベストな病院を見つけましょう

REGRET-17
・獣医の言うことを守らなかったこと …… 156
「不良飼い主」でいては愛犬の寿命を縮めてしまう!? 病気に関することは、まず獣医に聞くのが一番！

REGRET-18
・不注意で事故にあわせたこと …… 162
「ついうっかり」が一生消えない後悔に…日常に潜み、突然襲ってくる危険を再確認しておきましょう

REGRET-19
・病気をあきらめたこと …… 170
飼い主さんと闘病し、余命2ヶ月から2年を得たビーグル犬のゴン太

第5章　犬とのお別れ編 …… 177

第1章　犬の暮らし編

REGRET-01

あまり散歩にいかなかったこと

18歳まで生きたご長寿犬レイちゃん。健康の秘訣は「毎日欠かさない散歩」だった！

「あなたは毎日、犬の散歩をしていますか?」そう聞かれて、ドキッとした方は要注意です！普段から心の底で「ひっかかる」こと。そういう些細な「ひっかかり」が、後々の「後悔」につながりかねません。

獣医が診察室で犬を診るのは、病気のときばかりではありません。現在はどこの動物病院でも爪切り、肛門腺しぼり、耳そうじ等のサービスを提供しています。そのため、とくに病気ではなくても月に1回のお手入れに来院する犬がいるのです。1ヶ月間でのびた爪を見れば、その子がちゃんとお散歩をしているか否か、どんな場所をどんな風に歩いているのかが、おもしろいほどわかります。

まるで、占い師のように、「アスファルトの上を引っ張りながらよく散歩していますね～」なんてことを言うと、「どうして、わかるんですか!?」と驚かれます。

犬が楽しみにしているお散歩。あなたはどれくらい犬のお散歩をしていますか？「健康のために毎日2時間は歩いています！」という飼い主さんがいれば、「ウチのコはお散歩が嫌いなので…あんまり」と言って諦めている方もいます。ただ、「運動は大切です！」と言われても、あまり実感が湧かないかもしれません。頭では分かっていても、忙しくて時間が取れなかったり、ただ単純にめんどくさい時もありますよね。とってもマメでまじめな方は別ですが、例えば、「今日は寒いしやめておこう（もしくは、ショートコースで！）」なんて思ったことは、犬を飼っている方なら誰しもあるのではないでしょうか。

かく言う私も、とてもマメとは言えない性格なので、そういう葛藤におそわれたことは多々あります。「仕事が忙しい」、「家の用事が忙しい」、もしくはただ単に「面倒だ」など理由（いいわけ）をあげたらキリがありません。だけど、日々の積み重ねであるお散歩がもたらす健康パワーを知れば、「今日はやめておこうかな～」と迷ったときに、葛藤に打ち勝つ力になります。知っているのといないのとでは大違いですね。


まず最初に、ある成功例をご紹介しておきます。

ビション・フリーゼのレイちゃんは、毎日欠かさず散歩してもらって18歳まで生きました。なんと老衰で亡くなる3日前まで、寝たきりになることもなく、毎日の日課である散歩をしていたそうです。これはなかなか例を見ないスゴイことなのです。

散歩の健康パワーの秘密はどこにあるのでしょうか？さらに、運動を習慣にしたワンコの未来とそうでないコの未来を想像してみましょう。その実態を知ったとき、あなたの中のスイッチがカチッと入るはずです。

犬にとって基本となる運動は「毎日のお散歩」です。散歩をすることは有酸素運動になりますが、これを毎日行っているのといないのとでは、将来的に大きな差が出ます。まず、基礎代謝がアップして、脂肪を燃焼しやすい身体になります。さらには血管が丈夫になって、心臓病をはじめとする様々な病気にかかりにくくなります。そして何より、毎日有酸素運動をすることによって、サビにくい身体を作り続けることができるのです。ということは、いつまでも若々しく、エネルギーに溢れた暮らしができるというわけなのです(実はまったく同じことが人にも言えます!)。

さらに、無酸素運動といって少し負荷をかけた運動を組み合わせることで筋力がアップし、関節も丈夫になります。筋力がアップすると、年老いたときに寝たきりになることを遅らせる効果が期待できます。そして、楽しく運動することは何よりもストレス発散になります。これは、すごくアンチエイジング効果が高いことなのです。

では反対に、お散歩を怠った犬の5年後は・・・? 太ってしまい、動きたがらず、年齢以上に老けこんでしまうことでしょう。そうならないためにも!すごく簡単なのに大きな効果が得られるプログラムをご紹介します。

【お散歩プログラム】

・散歩は毎日10～15分を2～3回行ってください。これなら簡単なはずです。（飼い主さんと犬に余裕がある場合は、20分以上45分以内のウォーキングがさらにオススメです）。

・続いて、ボール遊びやドッグラン、アジリティーなどの無酸素運動を毎日10分行ってください。（散歩の途中など、必ずウォーミングアップした後に行ってください）。

・最後に、散歩後の柔軟体操とマッサージを毎日10分行ってください。やり方は、やさしく手足の関節の曲げ伸ばしをして、脚や体をさすってあげて下さい。（ブラッシングもこのとき行うといいですね）。

これだけです。「なんだ、それだけ？」と思った方もいるでしょう。でもここで重要なことは、〝毎日続ける〟ということなのです。もちろん、悪天候の日や犬の体調が悪いときは無理しないで下さい。ただ、「寒いから…」という理由はダメです(笑)。

ここで、このプログラムを行うにあたっての注意点があります。過度な運動や長時間の散歩は筋肉疲労や関節炎を起こすだけで、かえって逆効果です。犬種や年齢、体調に合わせてあくまでも適度に楽しく行ってください。

さらに、中には本気でお散歩嫌いな犬もいます(とくに、超小型犬に多いですね)。外に連れて行ってもほとんど歩かずに踏ん張っていたり、リードをつけてまともに真っすぐ歩けなかったりします。それは、小さい頃からあまりお散歩をしてこなかったなど、外の環境やリードをつけて歩くことに馴れていないことが原因です。そんな犬に急に無理矢理【お散歩プログラム】を実行しようとすれば、かなりの負担を強いることになってしまうでしょう。ストレスをかけたり、リードを引っ張って首や足を痛めることすらあるので、逆効果になります。

そういう犬の場合には、まずお散歩に馴れさせることから始めてください。まずはリードに馴れさせて、静かな場所を好きに散策させたり、カートに乗せて景色を見せるなど、外に馴れることからはじめないといけないかもしれません。あくまでも自分の犬のペースに合わせて、決して無理強いをしないことが大切です。

さて、今のあなたはやる気が出て「よし、はじめよう！」と思っているかもしれません。しかし、こういったことは長続きしなければあまり意味がありませんので、念のため3日坊主で終わらないための対策も合わせてお伝えしておきます。長続きするためのコツとしては、まず日記をつけたり手帳に記録するのがオススメです。そうすることで、自分の中で達成感が得られるからです。それを後で見直せば、どれだけ実践できているのかがひと目で分かるので、「先週はあまりできなかったから、今週はがんばろう！」と気を引き締めることができます。気分が乗らないときは、オシャレをしたり行き先を変えてみるなど変化をつけるといいですよ。義務感ではなく、あくまでも楽しんでお散歩することも大切なポイントです。

それと、ブログ等で他の人に向けて発表することも有効です。最初に「今日から犬とお散歩、毎日がんばります！」と宣言してしまいましょう。少し大げさなくらいがちょうどいいです。いちど人に言ってしまうと、そう簡単には辞められなくなります。意志がちょっと弱いなと思う方は、やらなければならない環境に無理にでも自分を追い込んでしまうのもひとつの手です。これは、ダイエットや勉強、仕事など、すべてに共通して使える「長続きのコツ」になるので、試してみて損はないです。

犬を飼っている人は、飼っていない人よりも健康になれるチャンスに恵まれていると言われています。そんな、犬がくれる恩恵を最大限活かして、ぜひ「犬といっしょに長生き」を目指しましょう。「自分ひとりのため」や「犬だけのため」と思うとなかなか続かない習慣でも、「犬と自分両方のため、しかもイイことづくし！」と思えば継続できるのではないでしょうか。

一度習慣になると驚くほど苦もなく、毎日当たり前のようにできるようになります。ちょっとの意識で、お散歩は変わります。今日からさっそく、試してみてください。

REGRET-02

ブラシを毎日かけてやらなかったこと

抜け毛に耐えきれず犬を玄関につないでしまった飼い主さん。正しいシャンプーとブラッシングで解決しましょう！

「最近何か変わったことや、気になることはありませんか？」

予防だけで来院した患者さん（飼い主さん）に対しても、私は必ずこの質問をするようにしています。そうすると、「そういえば・・・体をかゆがるんですけど、そんなもんですか？」だとか、「ちょっとフケが多いのが気になりますね〜」といったお返事をもらうことが多いです。こういったことは、あえて尋ねてみないとなかなか出てこないものです。

そこで、さらに「毎日ブラッシングしていますか？」と尋ね返すと、みなさんちょっと間が空きます。飼い主さんの多くは、犬の抜け毛やニオイを気にしているにもかかわらず、「ええ、毎日欠かさずブラシをかけていますよ！」と胸を張って答える方は案外少ないのが気になるところです。「だからって、犬のブラッシングをサボって後悔することはないんじゃない?」と、あなたは首をかしげるかもしれません。しかし、ある飼い主さんから受けた相談によると、そうは言っていられません。

ゴールデン・レトリーバーのピッピの飼い主さんは悩んでいました。ピッピの抜け毛がひどくて、一日に何度そうじ機をかけてもスグに家中が毛だらけになってしまうそうです。もともとはピッピを家の中で自由気ままに過ごさせていましたが、どうにも耐えきれなくなって、今は玄関につないでいると言います。飼い主さんは「やっぱり、可哀想ですよね?」と罪悪感を感じていることを打ち明けてくれました。

たしかに、長毛種は小型犬ですら毛が舞ってたいへんですが、大型犬にもなると……さらに抜け毛の量はスゴイことになります。苦労は分かりますが、急に自由を制限された犬は理由も分からず、不満やストレスがたまってしまいます。ストレスがある状態が続くと、免疫力が下がり病気にかかりやすくなったり、長い目で見れば寿命を縮めることにもつながります。この対処法は、どう考えてもオススメできません。

しかも、すでに「罪悪感」を感じているようでは、ピッピに何かあったときこの飼い主さんは「必ず後悔することになる」ということは誰にでも容易に想像がつくのではないでしょうか。そうなってもらいたくはなかったので、正直にやめた方がいいと伝えました。そして、もっと他に良い「解決法」があるので試してもらうことになりました。

犬にとっても飼い主さんにとっても良いことづくめの解決法。それが、「毎日のブラッシング」です。

さて、抜け毛に困っている方はピッピの飼い主さんだけではないはずです。あなたにも、心当たりはありませんか?困ったあげくに、家の中でも服を着せることで対処してみたり、シャンプーをしすぎてかえって肌を荒らしてしまったり・・・もしくは完全にあきらめて、抜け毛を見て見ぬ振りなんて方もいるはずです。そんなときにやるべきことは、まず「犬にブラシをかける」ことなのです。ポイントは、「毎日！」ですね。たかがブラッシングと思われがちですが、されど重要なのがブラッシングです。

とくに散歩のあとのブラッシングは必ず毎日の日課にしてください。散歩でついたほこりや草の実などをとってあげると同時に、体に傷や炎症があった場合、早めに気がついてあげることができます。この、「健康チェックもかねてのブラッシング」というのが理想的です。

トリミングに定期的に通っているという場合も、やはりブラッシングは必要です。とくにカットが必要なプードルやヨーキーなどの犬種は毛がもつれて毛玉になりやすいのですが、「サロンで取ってもらえばいいや」と安心して日頃のお手入れに手を抜いてはいけません。この毛玉を取る作業、どんなに丁寧にやっても痛いものです。毎日ブラシをかけてあげてさえいれば毛玉もできず、犬もトリミングのたびに辛い思いをしないで済みます。

湿気が多い梅雨時は細菌やカビが増えやすく、とくに皮膚の病気が多くなりがちです。毎日のブラッシングで効率よくしっかりと抜け毛を取り除くことで、皮膚を健やかに保ち病気を防ぐことができます。ブラシをかけて抜ける毛はすでに死んでいる毛です。どんどん抜いてあげないと、蒸れたり不潔になったりして、皮膚病になりやすくなってしまうのです。また、ブラッシングをすることで地肌をマッサージして血行を良くしたり、犬とのコミュニケーションをはかることができます。

さて、ブラッシングが続かない原因のひとつに「やってもあまり効果を感じられないから」ということがありますが、それはブラシ選びとやり方に問題がある場合が多いです。使うブラシは犬の毛質に合ったものを選んで下さい。長毛種は先がソフトなスリッカーブラシがオススメです。短毛種は豚毛のブラシかラバーブラシがオススメです。スリッカーブラシは先が硬いモノを素人が使うと、犬の地肌を傷つけてしまうことが多いので、買うときに必ず柔らかいかどうか、自分で触って確認するようにしてくださいね。

ブラシの値段はピンからキリまでありますが、高いものはやはりそれだけの効果があります。

最近では「ファーミネーター」や「ファーリー」など、ハイテクなペット用ブラシが開発されて、毛の取れ方が格段に良くなっています。海外製のブラシで値段はさすがにちょっと高めですが、全犬種対応で、死んでいる毛だけを効率よく除去できる優れものです。本気で困っている方は、まずは思い切ってブラシに投資してみるのも悪くはないでしょう。高価なものを買えば、それだけ「もったいないから、たくさん使おう！」という効果も期待できるかもしれません。

抜け毛対策としてもうひとつ重要なのが、「シャンプー」です。これに関しては、まちがっている認識の方がけっこう多いので、ぜひこの機会に確認しておいて下さい！

「犬のニオイ」に関する調査結果によると、約79％の飼い主が「犬のニオイを気にしている」と回答しました。それに対してあげられた対処法としては、シャンプーなどの「定期的なお手入れ」が7割近くにのぼったそうです。（2010年、アニコム調べ）

しかし、定期的にシャンプーをしていても、1週間もするとすぐにニオイが気になったり、かえってフケが多くなったり、犬が体をかゆがったりしてはいないでしょうか？ その原因はもしかすると、あなたが「シャンプーをしすぎ」なのかもしれません。ニオイや抜け毛を気にするあまり、シャンプーの間隔が短くなってはいませんか？

皮膚に問題がなく、健康な状態のときのシャンプーは「最低でも3週間おいてから」にしてあげてください。シャンプーは皮膚の油分（皮脂）を洗い流します。それは同時に皮膚のバリア機能を弱めてしまうことになります。また、皮脂がとれて乾燥しやすくなるので、フケが多くなることがあります。また、冬はとくに乾燥しやすい季節なので、夏と同じシャンプー、同じ頻度で洗っていると、どうしても乾燥が進んでしまうのです。保湿性の高い動物用シャンプーもあるので、フケが気になるときは保湿力のあるシャンプーを使い分けてあげるのがオススメです。さらにスプレータイプのコンディショナーは毎日使えるので、かんたんに乾燥対策ができます。スプレーすることで乾燥した皮膚・被毛に潤いを与えてくれる製品（オーツシャンプー・コンディショナー、ヒュミラックなど）が、動物病院で手に入ります。

シャンプーの間隔をあけるようにお願いすると、「え、そうなんですか!?知らなかった〜」という方もいれば、「分かってはいるのですが、ニオイが気になって仕方がないんですよ～」という方もいます。そういう場合にも、やはり一にも二にも毎日のブラッシングが大切です。

ブラッシングとシャンプーをあわせて正しく行うことで、愛犬の被毛は健やかに保つことができます。犬もかゆがったり不快な思いをすることなく快適です。飼い主さんにとっても、ニオイや抜け毛の悩みが減れば、さらに犬と楽しく暮らせるので、いいことづくめですよね。そんな、ブラッシングの効果をぜひ今日から実感してみてください。

REGRET-03

歯を磨かなかったこと

歯の病気によるストレスは犬も人間も同じ。〝食べたらすぐ歯みがき！〟で愛犬の人（犬）生は必ず好転する！

すべての犬に朗報があります！今からするお話は、あなたの愛犬の今後の人（犬）生を劇的に好転させるパワーを持った話です。ぜひ心して聞いてください。

まずはちょっと思い出してみて下さい。

…あなたが、虫歯になった時のこと。

…あなたに、口内炎ができた時のこと。

…あなたの、歯ぐきが腫れた時のこと。

誰でも一度や二度は必ず経験がある、口の中のトラブル。そのとき、あなたはどう感じましたか？

「痛い‼」「不快だ～‼」「イライラする‼」「何を食べてもおいしくない」・・・人それぞれですが、とにかく食事を口にするのが苦痛だと感じたのではないでしょうか？では、その苦痛をあなたの愛犬がいつも感じているとしたら、どう思いますか？

現在日本では3歳以上の犬の80％以上が、何らかの歯の病気を発症しているというデータがあります。現状として、それだけ多くの動物がいつも口の中に不快感を持っているということです。もしもあなた自身のことなら、すぐに歯医者さんへ行ったり、家庭でできるケア用品を買ったり、うがいや歯みがきを頑張ったりと、治すためにいろいろ実行できると思います。だけど、あなたのワンコはどうでしょうか？あなたが何もしなければ、じっと苦痛に耐えるしかありません。できることといったら、あなたにほんのちょっとしたサインを送るくらいです。

まずはあなたの愛犬の口の中を見てあげてください。それが大事な、はじめの一歩です。

・口臭はしませんか？
・歯ぐきが赤くなっていませんか？
・歯が黄色や茶色になってはいませんか？
・最近、げんきや食欲が落ちてはいませんか？

ひとつでも当てはまる方。もしくは愛犬に快適に長生きしてもらいたい方は、続きを読んで必ず行動に移すようにしてください。

私は一般診療に加えて動物の歯科治療を専門に行っている動物病院に勤務していました。診察では毎回必ず動物の歯をチェック！というのが、病院のポリシーでもあります。ここにはご近所のみならず、日本全国から歯の悩みをかかえた動物が訪れます。実際のところ、犬・猫・フェレット・ウサギなどなど、多くの動物が人知れず歯の悩みをかかえているのです。そんなたくさんの症例を見る中で、ひとつだけ。すごくもどかしいことがありました。

それは、「もしも、飼い主さんに正しい知識があったらこのコの歯がこんなに悪くはならなかったのに！」という思いです。さらには日々の診察でも、「ペットの歯をキレイに保つことができている飼い主さんは少ないな〜」と実感しています。決して〝飼い主さんが無知なのが悪い〟などと言っているわけではありません。問題は、世間に正しい情報が伝わっていないことにあると思います。

今の日本は動物の歯科に関して圧倒的な情報不足に陥っているのです。そうだとすれば、「お友達のワンコの歯もそうだし、犬の口は臭くて、歯は汚いのがふつうでしょ〜」そう思っている人が多くても、不思議はありません。

「人の歯医者さん」はどの地域でもたくさん見かけますが、あなたは「動物の歯医者さん」に出会ったことがありますか？もしも、会ったことがあるという方はかなりラッキーです。なぜなら、日本には現在、ほんの少ししか動物の歯科専門医がいないのです。動物の歯を健康に保つ方法を知っている獣医が少ないのに、一般の方が詳しくなれるわけがありませんよね。また、インターネットで調べると時間がかかりますし、正しい情報とそうでない情報が混ざっているので注意が必要です。

以前、こんなことがありました。

ヨークシャーテリアのクロエちゃん。最近、口臭がきつくなって歯ぐきが赤くなり、ぐらぐらしている歯もあるということで来院しました。飼い主さんは、「歯みがきはきちんとしているのにどうして～」と首をかしげていました。しかし、よくよく聞いてみると、「歯磨きはガーゼを指に巻いて3日に一回くらいしています！」とのこと。

正直に言いますが、これではほとんど歯周病を防ぐことはできません。歯周病の進行は体質も関係がありますが、どんな犬でも「正しい歯みがき」ができていなければ、遅かれ早かれ「歯周病」になってしまうのです。最初にその飼い主さんは、「歯を抜いてしまうなんて、かわいそう…なんとか残しておくことはできませんか？」と言いました。しかし、すでに歯周病が進行している歯を無理に残しておくことの方が、ずっと体にはよくありません。なぜなら、歯ぐきの血管から吸収された細菌が血行にのって全身に運ばれ、体の様々な場所に細菌性の病気をおこすことが知られているからです。さらに、食事のたびに鈍い痛みを感じなくてはなりません。まさに「百害あって一理なし」なので、抜く必要がある歯は積極的に抜いたほうがいいのです。

かくして歯周病の治療をしたあとの、クロエちゃんはどうなったのか?というと…。なんと、子供のとき以来ボール遊びなんてしなくなっていたのに、元気にボールを追いかけて遊ぶようになったそうです。飼い主さんは、てっきり「年をとって落ち着いたのね」と思っていたそうなのですが、「今までは、歯に鈍い痛みがあって遊ぶ気になれなかっただけ」ということが分かりました。さらに以前は食欲にもムラがあり、食べる時もあれば残す時もあったそうですが、今はガツガツとすぐ食べ終わってしまい、オカワリまでおねだりするようになったと言います。

これだけ目に見えたわかりやすい愛犬の変化を体験した飼い主さんは、「なんでもっと早く気がついてあげられなかったんだろう。歯みがきの大切さも子供の頃から知っていれば、そもそも歯を抜くことにはならなかったかもしれないし。それでも、この子が死ぬまで気がつかずにいるよりはずっとよかったです。」そうおっしゃっていました。

さて、大切な歯を抜くような事態にならないために、今日からあなたにもしていただきたいことがあります。それは、「正しい歯みがき」です。ここでいちばん効果的とされている歯みがき方法を伝授しておきます。

【毎食後、食べたらスグ（10分以内に）歯ブラシで歯をみがく】

コレだけです。1日1回、寝る前に念入りにするよりは、数十秒でもいいので毎食後磨いた方がずっと効果的です。考えてみれば、人の虫歯予防や歯周病対策となんらちがいありませんよね。人との差があるとすれば、今までの「犬の歯みがきに対する認識の甘さ」だけです。日本の現状が示すように、80％の飼い主さんは「犬の歯みがきに対する認識が甘い」ということなのです。この認識を変えることで、この本を読んでくれているあなたに、20％の少数派になってもらいたいのです。そして、あなたが「先生」になってお友達にも教えてあげてください。そうすれば、歯のきれいな犬がどんどん増えて歯のわるい犬のほうが少数派になる、そんな日も夢ではないはずです。大げさですが、私は本気でそんなことを思い描いています。

あなたもこの夢に参加してもらえないでしょうか？

REGRET-04
おやつ・おもちゃ
選びを
間違えたこと

硬すぎるおやつ・おもちゃに要注意！
大切な歯を折らないための見極め方、教えます

犬の生きる楽しみ、「おやつ」と「おもちゃ」。愛犬のおやつ・おもちゃ選びって、飼い主にとってもすごく楽しい作業ですよね。選びながら、犬の喜ぶ顔を思い描いて・・・思わずウキウキしてしまう瞬間です。それと同時に、ホントに種類が多すぎて、「どれを選べばいいの？」と迷ってしまうこともあるのではないでしょうか。市販されている製品でも、良いものと悪いものがあるので注意が必要です。大手量販店のペットコーナーに並ぶおやつやおもちゃを見てみると、獣医からすると「危険な製品」が多いことに驚かされます。

以前こんなことがありました。

あるミニチュア・ダックスフンドが来院しました。飼い主さんは犬に与える食事にはこだわりを持っており、毎日欠かさずきちんと歯みがきもしているとのこと。犬のお世話を熱心にされているな～という印象の方でした。しかし、「歯の健康に！」と書かれたササミ巻き骨ガムのおやつをお店で手に取ったときがその方とワンコの運命の分かれ目だったのです。「見た目も美味しそうだし、歯にも良いなら」と思って、何気なく買い与えたそのガムにワンコも大喜び。一生懸命噛んでいたので、飼い主さんも最初はその商品に大満足だったそうです。しかし、いつもの歯みがきタイムに愛犬の口の中を見てみると、上あごの奥歯（第4前臼歯という一番大きな歯）が無惨にも折れてしまっていたのです。折れたところからは歯髄（赤い点状に見えます）があらわになっていて、犬も痛そうに歯をかばって折れた側でモノを噛まないようにしている様子でした。そこで、あわてて当院に診せに来たというわけなのです。

犬の歯が折れてもしばらく様子を見てしまう飼い主さんがいるので、念のため断っておきますが、歯が折れるとかなり痛いです。ムシ歯の治療で歯の神経をいじった経験がある方には気持ちがわかると思いますが、局所麻酔をしても痛いほどですよね。犬だって同じだけの痛みを感じているので、放っておくのは可哀想なことです。

結局その子は大きな歯を抜いて治療することになりました。歯みがきをがんばって、犬の歯を大切にしていた飼い主さんは、大変なショックを受けていました。そして、愛犬にとってよくないおやつを選んでしまったことを何よりも悔やんでいました。

せっかくの「楽しみ」であるおやつが悲劇に変わることがないように。この項では、手に取って1秒で簡単にわかる！『愛犬のための安全なおやつの見極め方』を伝授しておきます。

まず、おやつの成分については、天然素材で無添加のものがよいにこしたことはありません。（詳しくはここでは省略させてもらいますが）今回、特にお伝えしたいのが、その「硬さ」です。「硬さ」に関しては、じつはあまり気にしていない方、むしろ間違った認識の方が驚くほど多いのです。

市販されているおやつのうち、牛骨、牛のひずめ、豚耳、アキレス腱、牛皮のミルクガム、ササミ巻き骨ガムなどなど・・、全部硬すぎます。これらはあくまでも代表例で、他にもたくさんあります。私は気になってホームセンターやペットショップの犬のおやつコーナーによく立ち寄るのですが、じつに半数近くは選んではいけない製品でした。「歯の健康に！」だとか「歯磨き効果アリ！」とうたっている製品ほど、硬すぎることが多いです。

硬いおやつは歯に良いと思われがちですが、これは大きな間違いです。かえって歯を傷めたり、ひどい時には歯が欠けたり、折れたりしてしまいます。実際のところ、硬すぎるおやつが原因で歯を折って病院に来る犬は少なくありません。「・・・じゃあ、なんで売ってるの？」と思った方も多いと思います。残念ながら、私にも分かりません。与えられたすべての犬が歯を折るわけではありませんし、ペットのおやつに関しての規制はほとんどあってないようなものです。

先ほど紹介した、歯が折れてしまったダックスの飼い主さんに実際に骨ガムを見せてもらいましたが、よく目にするメーカーの製品でした。その方はどうしても納得がいかず、後日メーカーに問い合わせをしてみたそうですが、「稀にそういうことが起きることもあるかもしれません。」

といった曖昧な対応だったそうです。

言ってしまえばペット用品を作っている会社は利益優先です。硬いおやつで事故があったとしても販売を止めたりしません。せいぜい、パッケージに小さく「歯を傷めるおそれがあります」と記載するくらいでしょう。それを見逃した飼い主が悪い・・・とでも言われているかのようです。しかし、現状としては硬い骨ガムの「注意書き」を見ても、歯を傷めるおそれがあるなどということは書かれていません。これでは、飼い主さんは気をつけようがありませんよね。そこで、1秒で簡単にわかる！『愛犬のための安全なおやつの見極め方』の出番です。

・おやつ選びは【人が指で曲げたり・押したり・割ったりできる硬さ】が基準。

一度手にとってみれば、すぐに分かります。慣れれば、インターネットで購入するときにも素材からだいたいの硬さが分かるようになります。愛犬の大切な歯を傷めることがないように、この基準を忘れないでください。さらに、硬いおもちゃについても注意しておきます。

硬いおもちゃもおやつと同様に危険です。ペット用品としてたくさん市販されていますので、飼い主さんが買って与えるのも無理はありません。歯を折る犬がいるのも事実なのですが、それを知らない飼い主さんが多いことが本当にやっかいなところです。

そこで、具体的にどんなもので歯を折るのか?例をあげておきます。

・プラスチックのおもちゃ
・木のおもちゃ
・落ちていた石
・ペットボトルのフタ部分
・ラップフィルムの芯
・ボールペン

これらは本当に歯を折って来院したことがある実例です。加えて、ロープのおもちゃで引っ張り遊びをしていて折ったり、氷で歯が折れた！なんていう、めずらしい犬もいました。「こんなもので歯を折る犬がいるんです。」という話をすると、「もともと食事の栄養が足りなくて歯が弱いコが多いのでは？」だとか「虫歯が原因で折れるんですかね？」という疑問の声をいただくことがあります。「与えるおもちゃが固すぎるのではなく、犬の歯が弱すぎるのでは？」という考え方ですね。確かに、栄養不足や歯の病気の場合には歯が折れやすくなります。しかし、硬いもので歯を折る症例をみていると、一概に歯が弱いせいだけとは言えません。実際には、どちらかというと食事のバランスが取れていて健康体な犬の方がより多く「硬いものを噛んで歯を折った」と言って来院しています。

それよりも、犬の性格や犬種が関係しているようです。例えば、ダックスやコーギーは奥歯でものを噛むのが好きなコが多く、よく奥歯を折って来ます。一方で、シェルティーやボーダーコリーは、前歯で噛むのが好きなコが多く、よく前歯を折ります。

あとは性格ですが、なんでも一生懸命になって噛むコは歯を折ることが多いようです。だから、同じものを食べて同じおもちゃを与えていたとしても、歯を折る犬と折らない犬がいるわけなんですね。性格は飼い主さんがいちばんよく知っているはずなので、おやつやおもちゃを選ぶときに、その犬の性格をよく考えてみるというのは大切なことです。

こういった「情報さえあれば防げたはずの事故」で後悔する飼い主さんを見ると、もっと早く教えてあげられたらよかったのに…と大変歯がゆい思いをします。そして、こういった事故をなくすために、これからも声を大にして情報発信していかなくては！と決意をあらたにする瞬間でもあります。

自分の愛する犬に歯を折ってほしくない！そう思う方は、硬いおやつやおもちゃを絶対にあげないでください。判断の基準は【指で押してへこむ、もしくは曲がるもの】、これだけです。お友達にもぜひ、教えていただけると助かります。

REGRET-05

遊びに連れて行ってやれなかったこと

一生の宝物になる思い出はありますか？ 愛犬が若くて元気なうちに出かけましょう！

あなたは最近、いつ愛犬とお出かけしましたか？「つい先週もドッグランで遊んできました〜」と明るく答える人がいれば、「そういえば、もう何ヶ月も遊びに連れて行っていないな・・・」と顔を曇らせる人もいることでしょう。

犬と暮らしている多くの方は、仕事が忙しくてお留守番ばかりさせてしまったり、休日でも家族の予定を優先してしまいがちです。それは仕方がないことだと思います。現代人は、自分の自由な時間を確保するだけでもむずかしいということは、私もよく承知しています。平日はもとより、休日でさえも予定がぎっしりなんていうことも多いのではないでしょうか。お父さんはゴルフ、お母さんはお友達と約束、子供たちは遊びに行ってしまう・・・といった感じですね。逆に予定がない日でも、「アレ買いに行かなきゃ！」だとか「たまっている雑務をかたづけなきゃ！」など、何かと忙しいものです。

そんなとき、〝犬と遊ぶ〟や〝犬と出かける〟は、たいてい後回しになります。けっきょく犬は休日もお留守番です。これはどんなことにもあてはまりますが、人はたいていできなくなって初めて後悔するものです。そして、「いつでもできる」ときにはその〝できること〟の重要性に気がつきません。

今日やってもいいけど、数ヶ月後でもいい。そう思っていると、日々の仕事や雑務に追われて、はっと気がついたときには手遅れになってしまうのです。

犬が病気になったり、年老いてしまってからよく聞く後悔のひとつに、「もっと犬を遊びに連れて行ってやればよかった」というものがあります。病気のときはもちろん出かけるのは難しいです。病気の種類にもよりますが、安静にしている方がいい場合が多いからです。

年老いた際にも、遠出するのは体力的にキツくなります。犬も年をとると関節が弱くなり、背骨がきしみます。眼も耳も鼻も衰え、若いときのように外界を楽しめなくなります。そしてどうしても寝ている時間が長くなってしまいます。

「うちの子もそろそろ歳だし、思い出作りに旅行にでも行こう!」。ようやく、そう思い立ったときにはたいていほんのちょっと遅いのです。いざ出かけてみると分かりますが、最初は犬も喜んで興奮していたとしても、若いときのようにはいきません。少しすると疲れてしまい、車中でも寝てばかりになることが多いようです。

ある読者さんからこんなメールをいただきました。

(以下はいただいたメールになります。)

私と妻、わんこ2匹で2ヶ月に1度くらいの割合で旅行に出かけておりますが、6歳のシェルティ、萌衣は薬のせいか、体力があまりなくドッグランなどで遊んでいてもすぐに疲れてしまっておりました。(※萌衣ちゃんは先天的な病気で6年間も投薬治療をしてい

ました。）

それでも褒めてもらおうと必死にアジリティなどでがんばって、夕方には立てなくなるくらいがんばりすぎてしまうこともありました。

もう一匹の11歳の甲斐犬、海とは非常に仲がよく、ある日2匹で追いかけっこをして遊んでいたのですが、萌衣が疲れてしまい、ふらふらと歩いていると、海が迎えにいき、2匹寄り添って支え合うようにして戻ってきました。出かけた際にはよくこんな光景を目にしたものです。

そんな人間らしさと言いますか、お互いを思いやる気持ちが犬にもあるということ、みんなに支えられながらも元気に6歳まで生きてくれた犬がいたことを、皆さんに知って頂きたい、残してあげたいと思い、勝手ではございますがご連絡させていただいた次第です。

このメールをいただいた日の朝に、萌衣ちゃんは天国へ旅立ったそうです。ちょうど、この本に使う写真を募集したところでした。そのメールには、河口湖に出かけた際に撮影したという2匹の犬の写真が添えられていました。体の弱い犬に寄り添うもう一匹の犬、そんな2匹の姿はたいへん心を打たれるものでした。この光景はきっと飼い主さんにとっても一生の宝物にちがいありません。

こんなすばらしい思い出をつくる機会をみすみす逃しているのだとしたら、あなたは大変もったいない事をしているのではないでしょうか。さらに言うと、犬と出かける利点は思い出作りだけにとどまりません。それは、「犬を中心に生活している人」を見てみるとよく分かります。

少数派ではありますが、世の中には毎週(人によっては毎日)犬とお出かけしたり、年に数回も犬と泊まれる場所へ旅行したりといった、大変羨ましい暮らしをしている方がいます。こういう方々はまず、「もっと遊びに連れて行ってやればよかった~」なんて後悔をすることはありません。そして何より、犬に対して積極的に時間を割いている人は、そうでない人に比べて、より犬との関係が良好で自分の犬を誰よりも理解できているように感じます。

では、どうして一緒にお出かけするだけで、そんなに違いがでるのでしょうか?それは、日常の生活だけでは味わえない経験を犬と共有しているからです。普段の生活が変化に富んでいるという方はそう多くはないはずです。決まったことの繰り返しで、犬があなたに見せる顔もどうしてもいつも同じパターンになります。

出かけた先でいつもと違うことを体験すると、犬もまた違う一面を見せてくれたりするものです。そして、「うちの子はこうゆう時、こんな反応をするんだ!」という新たな発見が飼い主さんの中にデータとしてインプットされて、どんどん「自分の犬マニア」になっていくというわけです。

犬は本来、飼い主さんとのパターン化された暮らしに安心感をいだくものですが、犬とのコミュニケーションをとって絆を深めるという意味では、意識的により多くの時間を犬と過ごし、より多くの経験を犬と共有することが大切なのではないでしょうか。ここ最近はペットブームの影響を受けて、犬と泊まれる宿やドッグランを併設したペンション、犬用メニューのあるレストランなど設備もかなり整い、犬と一緒に出かけやすい環境になってきています。

その一方で、犬と人が「お出かけ」に慣れていない場合は外出先でトラブルになることもあります。そういった不安のある方のために、犬連れでお出かけする際の注意点も、あわせてお伝えしておきます。

・車に馴れていない犬の場合は、近くの公園に車で行って遊ぶなど、まずは車に乗ることに馴れさせる　ところからはじめる。
・車酔いの傾向がある犬は、事前に動物病院で酔い止めを処方してもらう。
・車での移動中は、犬の様子を見ながら人の感覚よりもこまめに（1時間～2時間おきには）休憩をとる。

・車内で犬が動き回って運転に支障がでそうなときは、ケージに入れられるように準備しておく。
・気温が高い時は人が平気と感じるくらいでも熱中症になりやすいので、十分に注意する。

なお、車で長距離を移動する時には、犬にもリフレッシュが必要です。最近では高速道路にドッグランのある場所が増えているので、まずは出発前にルートやポイントをチェックしてから出かけるのがいいでしょう。

昔に比べれば、「犬連れでお出かけする」チャンスに恵まれていることは確かです。以上の点に気をつけながら、ぜひまだ犬が元気なうちに遊びに連れて行ってあげてください。

DOG'S QUALITY OF LIFE

第2章　犬の気持ち編

REGRET-06
信頼関係をつくれなかったこと

今からでも遅くない！ 愛犬との関係を改善すれば突然の病気や怪我にも強くなる

今、愛犬はあなたのことをじっと見つめています。その時あなたは・・・自分と犬は親友で、完全に信頼し合っていると感じることでしょう。しかし、この「自分は犬に信頼されている！」という感覚。じつは錯覚なのかもしれません。もちろん、本当に犬はあなたを心底信頼している場合もあります。あなたが「うちは大丈夫。」と言えるのだとしたら、必ずそれ相応の努力をしてきたにちがいありません。でも、もしも「とくに何もしていません、ただ愛情をもって接してきたから大丈夫です！」と言うのだとしたら、やはりただ信頼されていると思い込んでいるだけなのかもしれません・・・。けっして、いじわるで言っているのではありません。こんな話をするのには理由があるのです。

私は診察中に犬と飼い主さんの関係を把握するようにしています。なぜかというと、たとえ同じ病気だったとしても、犬と飼い主さんの関係が違えば、できる治療も変わってくるからです。その際のこれまでの感触では、3分の1くらいの飼い主さんは犬との信頼関係を築けていないのが現実です。

以下に、思い当たる行動はありませんか?

・犬と仲よくなろうと、犬の機嫌をうかがったり、たくさん話しかけている。
・犬に要求されるがまま、おやつやゴハンを与え、決まった時間に散歩に行っている。
・散歩ではぐいぐい引っ張られて犬が好きなところへ行く。
・犬が玄関のチャイムや来客に激しく吠える。
・家ではお手入れや投薬ができない。

これでは犬を飼っているはずが、じつは犬に飼われてしまっています。犬の世界でいう信頼関係とは、主従関係を指します。この点を勘違いしている人がけっこう多いです。あなたがどんなに努力して犬と友達になって、仲よくなろうとしても犬の世界では完全に対等な関係など存在しません。例えば、犬同士を見てみると分かりやすいでしょう。飼い主さんから見て、「うちの犬とお隣さんの犬はとっても仲よしなお友達だな〜」なんて思っていたとしても、その間にはシビアな上下関係ができあがっています。兄弟犬や、親子犬でも同じことで、仲がよいのは最初にその〝格付け〟が済んでいるからに他なりません。完全なる縦社会。それを覆したりしないかぎり、犬同士は平和です。その前提があってこそ、安心して仲よく遊んだりできるわけです。人の感覚からすると、仲がよい＝対等な関係と思いがちですが、犬と人間の世界はちがうということを、まず知っておく必要があります。もちろん、犬はその関係を飼い主さんにもあてはめています。

アメリカン・コッカー・スパニエルのコウちゃんは、ひどい耳の病気に悩まされていました。コウちゃんのように分厚い毛に覆われた耳が垂れ下がっている犬種はとくに、耳の中の通気性が悪いために、外耳炎などの病気になりやすいのです。このような耳の構造上の病気の場合、通院して治る場合もありますが再発しやすく、定期的な自宅での耳そうじ、薬の塗布を行う必要があります。病院に来るとお利口に耳そうじをさせてくれるコウちゃんですが、自宅では絶対に飼い主さんに耳を触らせません。飼い主さんとの間に信頼関係、すなわち主従関係ができていないので、絶対にやらせないのです。

お薬を飲ませる必要があるときも、食べ物に隠して与えることしかできないと言います。待合室では飼い主さんの足に※マウンティングし、病院を出るときはコウちゃんが先に立って勢いよく引っ張り、飼い主さんがあわてていて行くような状態です。このままではコウちゃんは耳の治療のために一生病院に通い続けなくてはなりません。

(※マウンティングとは、犬が対象物にしがみついて腰を振る動作を言います。犬が自身の優位

性を誇示するためにとる行動のひとつです）

犬が健康であれば「うちの子はダメ犬で～。でもそこも可愛いんですけどね」などと言って、この問題から目を背けていても、さほど困ることはないかもしれません。しかし、継続して自宅での投薬や処置が必要になった場合には、大きな課題となってのしかかってきます。ダメ犬を口実にしていたツケがまわってきてしまうのです。犬との信頼関係ができていないからという理由で治療を諦めることは大変悲しく、悔しいことです。そうなってから「もっと健康なうちにきちんとしつけをしとけばよかった…」と悔やんでも遅いのです。

今からでも遅くありません。犬ときちんと向き合って関係を築いてください。まずは、あなたと犬の現状を正しく把握する必要があります。あなたと犬が築いてきた関係がどんなものか？という答えは、まるで鏡のようにあなたの犬の行動に映し出されているはずです。

よい関係ができている場合には、犬は落ち着いてあなたの足もとで休んでいるはずです。常にあなたの指示や行動にも注意をはらいます。散歩では引っ張らず、あなたの行きたい方向にあわせて隣を歩きます。体のどこを触られたとしても、迷惑そうにすることあっても、けっして唸ったりすることはありません。驚いたり興奮したときをのぞいては、不必要に吠えたりもしないはずです。

あなたの犬はどうでしょうか？もしも、現時点ではできていなかったとしても、あなたにその意思さえあれば、犬とよりよい関係を築くことはむずかしいことではありません。以下に、犬と信頼関係を築く時に大切な7つの心得を伝授しておきます。

1．自分が犬のリーダーだという自覚をもつ。

2．犬の機嫌をうかがったり、むやみに話しかけたりせず、落ち着いて堂々とした態度をとる。

3．叱るときは、短い言葉で、その瞬間を逃さない。けっして叩かない。

4．毎日犬の体を触って、どこを触っても抵抗しないようにする。

5. 散歩ではリードをコントロールして、必ず人が先を歩くようにする。
6. 食事の時間、散歩の時間は犬の都合ではなく、人がコントロールする。
7. 散歩のコースを決めず、気分で好きな場所へ犬を連れて行く。

あなたの気持ちひとつ、行動ひとつで、かんたんに犬は変わります。まずはあなたがリーダーとして目覚めるところから、はじめの一歩を踏み出してください

REGRET-07

気持ちを理解しなかったこと

犬の行動・思考パターンを知って、犬のキモチ、心のサインを見逃さないでください！

「犬の気持ちを知りたい！」という飼い主さんが今どんどん増えています。犬の飼い方や病気に関する知識が豊富になり、犬を飼うのに余裕が出てきた頃、次に知りたくなるのが「いったいうちの子（犬）は何を考えているの？」ということなのではないでしょうか。

犬の気持ちを理解しようとすることは、犬を家族の一員として暮らすようになった現代において、大切な心がけです。しかし、ついつい犬を擬人化して自己満足で終わってしまっているケースを目にします。犬のためにと思ってしたことが、逆に犬の迷惑になってしまわないようにご注意くださいね。

例えば・・・「うちの○○ちゃんはピンクのお洋服がお気に入りなんですよ～」と、いつもフリフりの洋服を着せられている犬がいますが、それに関しては申し訳ないですが、飼い主さんの自己満足と言わざるを得ません。小さい頃から服を着慣れている場合は、犬も慣れていてそこまでイヤな思いはしていないかもしれませんが、決して犬が好んで服を着ることはありません（寒いときは別ですが）。服を常に着せられている犬は、体をしょっちゅうかゆがっていたり、中で蒸れてしまって皮膚病を起こしてしまうこともあり、考えものです。

前の項でもお話ししましたが、犬の行動パターンや思考パターンを考えるときに、「人と同じ」と考えるのはまちがいです。人と共通している部分はもちろんありますが、犬の行動の根本的な動機や目的は人よりももっとシンプルです。本当に犬の気持ちを知りたいと望むのであれば、犬の「行動学」とその犬の「性格」の2つを合わせて考えてあげないといけません。そこに、「犬にこう思っていてほしい」という希望を入れるのは自由ですが、読み違えて自己満足で終わっていては本末転倒になってしまいますよね。犬に洋服を着せることに関して言えば、「犬は見栄えよりも居心地の良さを求めている」ということこそ、理解してあげるべき気持ちなのではないでしょうか。

さらに、犬の気持ちを知ったからといって、犬の望みをすべて叶えようとする人がいますが、それが犬の幸せにつながるとは限りません。ただ甘やかすことになり、結果的には犬を不幸にしてしまうこともあります。例えば、犬からしたらおやつは好きなだけ食べたいものです。だからといって、ねだられるだけおやつをあげていては健康を害してしまい、結局は犬を苦しめることになります。また、犬はたいてい病院に行くのを嫌がりますが、「犬が行きたくない」からといって必要な予防や治療を受けないでいることは、防げたはずの病気にかかってしまったり、寿命を縮めてしまうことになります。

中にはこんなワンコもいました。

ペットホテルに来たヨークシャー・テリアのチャコちゃんは病院に預けられることがどうにもガマンならなかったようです。なぜかと言うと、預かり中の3日間は完全にストライキ状態だったからです。広い部屋の中で遊ばせても心を開かず、いつも食べているゴハンとおやつも一切食べようとしません。何度お散歩に行っても、トイレすらしてくれません。お迎えのときに飼い主さんに病院での様子を告げると、「つい可愛くて、甘やかしてきたからでしょうか？ これからどうしよう…」と困り果てていました。

甘やかされて育った犬は、環境の変化やガマンを強いられることに慣れていません。ペットホテルなら短期間で済むので、どうにかやり過ごせるかもしれませんが、震災などの予想外の事態が起きた場合や、大きな病気にかかって長期の入院が必要になったときには急な環境の変化に順応できない可能性が高いです。そして、逆にかなりのストレスを強いる結果につながってしまいます。「うちの子、ちょっと甘やかし過ぎているかな？」と心当たりのある方はまず、たまには小さなガマンをさせることから始めてみると良いでしょう。

さて、ここまで犬の気持ちを理解する上での注意点をお伝えしてきましたが、細かい内容等は他の書籍や雑誌がたくさん出ているので、そちらをチェックしていただければと思います。

現在、世間では「犬の気持ち」にばかりスポットライトが当たっていますが、じつは「犬の心」に関してもぜひ知っておいてほしいことがあります。

近年、「犬にも精神病が増えている！」と聞いたら、あなたは驚くのではないでしょうか。考えるに、それは昔からあったとは思いますが、犬がより身近になってよく見てあげられるようになり、「うちの子、おかしい？」と認識される数が増えたのだと推測されます。

そうは言っても、まだまだ愛犬の心の変化に気がつかない飼い主さんの方が多数です。当たり前ですが、人と違って犬が自分の気持ちを語ることはありません。その代わり、犬は言葉ではなく行動によってＳＯＳをあなたに向けて発しているのです。愛犬の心の変化を見逃してしまう理由としては、この行動に気がつかない、もしくはその行動の意味が分からないからです。

愛犬にこんな行動が見られたら、ちょっと注意が必要です。

・前足をしつこく舐めたり、噛んだりしている。

・自分のシッポを追いかけてぐるぐる回っている。
・何もないのに、後ろを振り返って前に進めない。
・自分の毛をむしりとる。
・虫が飛んでいるわけでもないのに、あたかもそれを捕まえようと口をパクパクさせる。

前足を舐めたり噛んだりするのは、犬にはよく見られる行動のひとつで、以前は獣医の間でも「趾間皮膚炎」（しかんひふえん）という皮膚病の一種だと思われていました。舐めたり噛んだりして、パッド（肉球）の間や指の間などが赤くなり、ただれたりするので、そう考えられていたのです。しかし、近年になって皮膚病というよりも、精神病の一種だと認識されるようになってきたのです。そもそも、しつこく舐めたり噛んだりしなければ皮膚病になることもないワケですから、この行為の原因自体を問題視しているのです。

ではなぜ、犬がそういった行動をとるのでしょうか？ これは、人でいうところの「強迫性障害」

に近いものがあると推測されています。強迫性障害とは、極度の不安から戸締まりや火の元が気になって何度も確認したり、手の汚れが気になって洗いすぎる（要は潔癖性ですね）といったような行動をとる状態をさします。犬もストレスを感じた時などの不安感が多い時に問題行動が起きやすく、手がひどい状態になっても舐め続けてしまったり、自分で自分のしっぽを噛みちぎってしまったりすることさえあります。あなたの愛犬もお留守番している間に暇にあかしてずっと手を舐め続けてしまうことがありませんか？ちょっと心当たりがある方もいるでしょう。

ただし、前述のような行動が見られたからといって、「うちの犬は精神を病んでいるんだ！」と、早合点してはいけません。まずはかかりつけの動物病院で体に異常がないか、ほかの病気の可能性はないかを診てもらってください。もしそれでどこにも異常がないのにもかかわらず、こういった行動が続いたり悪化したりするときは、「犬の問題行動」について詳しい獣医さんを探して相談する必要があります。（「犬の問題行動」に関しては、獣医の中でも得意不得意があるので、専門医に聞くことをオススメします。)

このような犬の「心の病」は、気がつかずにいたり、逆に叱ってやめさせようとするなどのまちがった対処法をとると、よけいに悪化させてしまうことがあります。そして、いったん悪くなった場合には、もとの生活に戻すのに大変苦労することになります。ぜひ愛犬の行動をよく理解して、あなたへのSOSを見逃さないであげてください。

REGRET-08

約束を守れなかったこと

常に心に留めておきたい「犬の十戒」。犬の一生を決めるのは誰でもない、あなたです！

あなたは「犬の十戒」をご存知でしょうか？

犬の十戒

1．私の一生はだいたい10年から15年。あなたと離れるのが一番辛いことです。どうか、私と暮らす前にそのことを覚えておいて欲しい。

2．あなたが私に何を求めているのか、私がそれを理解するまで待って欲しい。

3．私を信頼して欲しい、それが私の幸せなのだから。

4．私を長い間叱ったり、罰として閉じ込めたりしないで欲しい。あなたには他にやることがあって、楽しみがあって、友達もいるかもしれない。でも、私にはあなたしかいないから。

5. 話しかけて欲しい。言葉は分からなくても、あなたの声は届いているから。

6. あなたがどんな風に私に接したか、私はそれをすべて覚えていることを知って欲しい。

7. 私を殴ったり、いじめたりする前に覚えておいて欲しい。私は鋭い歯であなたを傷つけることができるにもかかわらず、あなたを傷つけないと決めていることを。

8. 私が言うことを聞かないだとか、頑固だとか、怠けているからといって叱る前に、私が何かで苦しんでいないか考えて欲しい。もしかしたら、食事に問題があるかもしれないし、長い間日に照らされているかもしれない。それか、もう体が老いて、弱ってきているのかもしれないと。

9. 私が年を取っても、私の世話をして欲しい。あなたもまた同じように年を取るのだから。

10. 最後のその時まで一緒にいて欲しい。言わないで欲しい、「もう見てはいられない。」、「私、ここにいたくない。」などと。あなたが隣にいてくれることが私を幸せにするのだから。忘れないで下さい、　私はあなたを愛しています。

作者不明とされ伝わる、英文の詩を和訳したものです。この詩は物言えぬ犬を飼う上で、とても大切な倫理観をうたっています。犬を飼う人はまず初めにこの詩を読み、犬としっかりと約束を交わさなくてはなりません。

ある時、こんな飼い主さんがいました。

その方は初めて来院されたのですが、連れている犬は中型犬の雑種で「めったに病院に連れて来たことがない」とのことでした。そのせいもあってか、その犬は待合室の時点ですでに大変緊張しているのが見て取れました。犬が初めて、もしくは久しぶりに病院へ行くとき。どの犬もたいてい緊張したり、おびえたり、興奮して吠えたりするものです。なかには、「病院大好き!」とシッポを振って大喜びの珍しい子もいますが（笑）。とくに診察室では、犬も自分に注目が集まり「今から何かされる」という空気を察知して、ただならぬ恐怖を感じています。

恐怖心を感じたときの行動は犬によって本当に千差万別です。その子の性格や生まれ持った気質（犬種特有のもの）によってちがいます。飼い主にリードを引かれて診察室に入ってきた時、その犬は耳を伏せて小さなうなり声を絶えず発していて、「自分に触れるな！何もしてくれるな！」と必死にうったえていました。こういう初対面の犬の場合は、とくに慎重になる必要があります。できるだけ犬を安心させながら、なおかつ犬にナメラレルことなく診察を進めなくてはなりません。まさに獣医の腕の見せ所です。いつ噛まれるかもしれない状況で、スタッフの間でも目配せをしてピリッとした緊張感が走ります。

診察台の上に飼い主さんが自ら犬をのせて、さぁ、診察を始めようという時のことでした。その方は、自分が恥をかかされないようにという一心なのか、しきりに犬を叱りつけ頭を叩いて威嚇をやめさせようとしたのです。こちらの心構えとは裏腹に、この飼い主さんには自分の犬の心境がまったく見えていなかったのです。この状況下では、犬からすれば飼い主さんが唯一の味方であったはずです。その飼い主にこんなことをされたのでは、まったくの孤立無援になってしまいます。犬は余計に怯え、身を守るために攻撃に出るしかありません。

こんな飼い主さんを見ると、いくら患者さんはお客様だとはいえ、こちらも「なんてことするんですか！やめてください、逆効果ですから！」と感情的になってしまいそうになります。だけど飼い主さんを怒らせてしまっては、肝心の犬に治療をしてあげることができません。そこは気持ちをぐっとこらえて、「犬を叩いて叱ってもまったく無意味ですよ。今、興奮して分からなくなっているので、いったん離れてもらえませんか？」そうできるだけ穏やかに言いました。そこで、ぱっと言うことを聞いてくれる方ならよかったのですが、まだ何とかして犬を力でねじ伏せようとしたので、結局、その飼い主さんは飼い犬に手を噛まれてしまったのです。

その方は、手を噛まれてやっと我に返ったようでした。その後は、待合室で大人しく診察が終わるのを待っていてくれました。

普段は、飼い主さんがケガなどしないように細心の注意を払っていますが、今回ばかりは申し訳ないですが、自業自得だと思ってしまいました。そして、こういう方にこそ「犬の十戒」を読んでいただきたい、忘れているなら思い出してもらいたい、そう切に願っています。

犬の飼い方を見ていると、その方の子どもの育て方、さらにはその人の生い立ちまでもが見えてくるときがあります。そういったところまで口を出すことは私にはできませんが、どんなに年上の方にでも犬への接し方に関しては、臆せず犬の側に立って代弁することにしています。

そもそも、犬のしつけの常識がまちがっている人がいるのでお話ししておきますが、犬を叩いて言うことを聞かせようとしても上手くいきません。確かに叩いたり大きな声で叱ったりすると、一時的に犬は萎縮してその行為をやめるかもしれません。しかし、その怒った人がいなければ大丈夫だと解釈して、その人がいないときに同じことをするようになります。また、体罰を受けて育った犬は、自分よりも強い者には従っても、自分よりも弱いと判断した者には逆に攻撃を加えるようになります。飼い主が育て方を間違えると、心が狭く攻撃的な犬ができあがってしまうのです。

人でしたら、あの時叩かれて傷ついたとか、こうして欲しかったなど言えますが、犬には言えません。「あんなお父さんのところは出て行く！」なんて選択肢もありません。飼う人の倫理観や価値観で、犬の一生がどんなものになるのかが決まってしまうのです。

今ご紹介したのは少し極端な例ではありますが、「犬との約束」は体罰にかぎったことではありません。仕事が忙しくてあまりかまってあげられなかったり、犬が「遊ぼ〜」と寄って来たのに「忙しいから、あとでね」と無視してしまったり。人は誰しも、すべてを完璧にできるわけではありませんので、「犬としたはずの約束」をいつしか忘れてしまうこともあります。そんな時は、この犬の十戒を読み返してください。

飼い犬を亡くしてからあらためてこの十戒を読んで、罪悪感を感じてしまうことがないように、日々の暮らしにおいて忘れずに心に留めておくことが大切です。ぜひこの詩をトイレの壁にでも貼って、たまに読み返してみてはいかがでしょうか。

REGRET-09
愛情に気がつかないでいたこと

病院に置き去りにされたマリーは今でもお兄さんを待っている…捨て犬の現状を知って、できることからはじめましょう！

「動物病院に動物を捨てる人がいる」という現実を、あなたはご存知ないかもしれません。開業したてでもないかぎり、どこの病院でもたいてい犬や猫を置き去りにされたことがあるものです。私が現在いっしょに暮らしている黒白模様の猫も、実家の病院の前に段ボールに入って捨てられていました。現在9歳になったうちの猫は今でも段ボールの中で寝るのがお気に入りなのですが、そんな姿を見ていると少しだけ切なくなってしまいます。

猫の場合には野良猫が勝手に産んでどんどん増えたりするので、自宅の庭に産み落とされた子猫を、どうにも困って動物病院にもってくるということはよくあります。しかし犬に関して、とくに純血種はブリーダーやペットショップから数万～数十万円ものお金を払って購入する場合がほとんどです。そんなお金を払ってまで一度は飼いはじめた犬を手放す人はいったいどんな人なのか、犬好きの人にはとうてい理解できないことでしょう。

ここで、私が勤めていた病院に置き去りにされたボーダーコリーのマリーの話をご紹介します。

マリーがうちの病院に初めて来たのは生後3ヶ月のワクチンの時で、飼っていたのは二十代後半くらいの男性の方でした。マリーはまだ子犬で元気いっぱい、「しつけが大変な時期ですね～」なんて会話を交わしたのを記憶しています。その数ヶ月後、お兄さんは「出張するので、マリーを預かってほしい」と、ペットホテルを予約して預けて行きました。1週間の預かり予定が終了しようという日の夜、お迎えが遅かったので電話をしてみると、「雪で新幹線が遅れているので、今日は迎えに行けそうにありません。もう1日だけ預かってください。明日必ず迎えに行きます。」そう電話越しで聞いたのを最後に、二度とお兄さんの声を聞くことはありませんでした。

それ以来、まったく連絡がとれなくなってしまったのです。

最初は「事故にでも遭ったのでは？」と心配したり、「何か事件にでも巻き込まれたのかもしれない！」と、スタッフで話し合ったりしていましたが、1週間、2週間と日が経つにつれ、「マリーは捨てられたんだ」という現実と向き合わざるを得ませんでした。というのも、マリーは生後5ヶ月でしたが、まったくしつけができていませんでした。トイレは所かまわず好きなところでしてしまいますし、人が通る度にけたたましく吠えたり、散歩でもグイグイ引っ張って、すれ違う人には必ず飛びつこうとするダメ犬っぷり全開の状態だったのです。これはあくまで予想になりますが、「仕事で疲れて帰って来たら部屋の中がめちゃくちゃになっているような状態が手にあまって、マリーを手放した」というようなことが想像できます。

幸いなことにうちの病院には少しだけ余裕があったので、マリーを病院の「居候犬」として迎えることができました。マリーのしつけには相当手を焼きましたが、病院の生活にもなんとか慣れて、今でも元気に暮らしています。

ただひとつだけ、散歩中に若い男性を見かけるとすごく嬉しそうにそちらに行こうと引っ張る姿を見ると、やはり置き去りにされてもお兄さんのことが大好きだったにちがいないと思い知らされます。マリーは病院まで車に乗せられて来たので、駐車場を通るときもやはり引っ張って中に入ろうとします。車がないことを確認させてあげても、最初の数ヶ月は通るたびにお兄さんを探しに行こうとしていました。

犬はとても頭の良い動物ですし、誰かを恨んだり、憎んだりすることもありません。だからきっと、あれから2年経った今でも、お兄さんがひょっこりと迎えにでも来ようものなら、マリーはしっぽを振って飛びついて大喜びするにちがいないのです。

もしも人間だったら、受けた仕打ちと自分の気持ちを天秤にかけてしまうので、何をされようがひたすら誰かを愛することは難しいでしょう。しかし、犬にはそれができるのですからスゴイことです。愛された人はもっとその気持ちを尊ぶべきだといつも思ってしまいます。

「ダメ犬」になるのは必ず飼育環境や飼い主の接し方に問題があるのであって、犬自体がダメなわけではありません。犬が言うことを聞かないのは、飼い主を嫌っているわけではなく、飼い主が言うことの聞かせ方を知らないだけです。マリーを捨てたお兄さんも、マリーの深い愛情に気がついていたのなら、こんな間違いを犯すことはなかったのかもしれません。そして、どんなに手にあまっても「解決策は必ずある」ということを一人でも多くの人に知ってもらうことで、少しでも捨て犬を減らすことにつながると信じています。

この本を手に取ってここまで読み進めてくれたあなたは、間違いなく犬好きだろうと思います。そんなあなたからしたら、「当たり前だよ！ 犬を捨てるなんて最低！」と、怒りと悲しみが湧いてくるかもしれません。しかし、このエピソードは日本の現状を端的に表しているということを、心やさしいあなたにもぜひ知っておいてほしいのです。

マリーのエピソードは、分類としては「可哀想な犬のはなし」というよりは「ラッキーな犬のはなし」のひとつになります。なぜなら、年間9万3807匹の犬たちが動物愛護センター（保健所）に収容され、そのうち6万4061匹が殺処分されているのが現実だからです。（※平成21年

度の報告です）

この現状を知って、「何とかしてあげたい！でも何をすればいいのかわからない・・・」という犬好きな人はたくさんいることでしょう。私もその一人でした。

「できることからはじめよう！」

この言葉をモットーに、誰でも気軽に楽しみながら参加できる方法があるのでお伝えしておきます。それは、「ONE LOVE プロジェクト」です。動物保護団体は、捨てられる犬を少なくすると同時に、保護された犬たちに新しい家族をみつけられるように熱心に活動しています。「ONE LOVE」はこうした活動をサポートするプロジェクトです。サポートといっても、ただ寄付を集めるだけではありません。啓発や支援もあわせて行うことで、「本気で日本の現状を変えてやろう！」という、熱い取り組みなのです。

主な活動内容としては、

・ラジオ、フリーマガジン、インターネットを通してより多くの人に殺処分や保護犬について知ってもらう。
・ワークショップやサミットを開催して、各自にできることを学び、行動できるように助ける。
・マッチングサイトやイベントを開催して保護犬との出会いの場をつくり、仲間を増やすことでつながりを強める。

そして、募金活動も楽しく無理なく参加できるものが多く、オススメです。
・月々1000円で捨て犬のサポーターになる(犬1頭を保護するには約4万円かかります。それをみんなで少しずつサポートする取り組みです。)
・グッズ購入による募金(オシャレなレザーブレスやお散歩バッグ等のグッズを購入すると、売り上げの一部が寄付され、保護犬の医療費や食費になります。)
・企業協賛による、ONEクリックドネーション(これは、あなたが1クリックするだけで、協賛

（企業から募金のうち10円が寄付されます。）

すでに、たくさんの芸能人や企業も協賛しています。この活動が認知されればされるほど、参加者は増えるでしょう。そうすれば日本全体にムーブメントを起こせるはずです。

・認知が広がり国民の意識が高まる

↓

・保護犬を飼う人が増える

↓

・乱繁殖、犬の取り扱いの法規制

↓

・捨て犬の減少

・殺処分がなくなる！

こういった流れを作り出せたらいいですね。簡単なことではありませんが、あきらめていては何も変わりません。まずは、この本を読んだあなたも何か新たな一歩を踏み出すところからはじめてみてはいかがでしょうか。

犬と暮らしていると、犬の忠誠心、愛情の深さ、家族を想う気持ちを再確認させられる場面は多くあります。犬を飼うことの喜びのひとつは、こういった「無償の愛」を感じる瞬間にあるように思います。あなたは犬からの一途な愛をちゃんと感じていますか？どんなにいそがしいときでも、できるだけたくさんの愛情でこたえてあげたいものですね。

そして、自分の犬の幸せだけではなく、より多くの犬を幸せにできるような社会の仕組みを日本にも作っていければ、犬好きとしてこれに勝る喜びはないのではないでしょうか。

現状を知って、各自ができることからはじめることで、「無償の愛」をくれる犬たちに恩返しをしてみませんか?

ONE LOVE プロジェクト → http://www.onelove.cc/

DOG'S QUALITY OF LIFE

第3章　犬の健康編

REGRET-10
食べさせすぎてしまったこと

食べさせ放題でハッピーというわけにはいかない！無気力、倦怠感、さらには寿命も縮める肥満の恐怖

愛犬に「もっと美味しいものをお腹いっぱい食べさせてあげたかった…」と、悔やんでいる人は、今の時代はめずらしいでしょう。逆に、「犬が喜ぶからといって、何でもかんでもあげたのがいけなかった。もっと早く気がついていれば…」と後悔している飼い主さんを、たくさん目にします。

「食べさせられなくて後悔することはあっても、食べさせすぎて後悔することはないんじゃない？」そう、あなたは驚くかもしれません。しかし、犬版『生活習慣病』と言われる現代の肥満問題は犬の寿命にかなり深刻な影響を与えていることは、まぎれもない事実です。成長期に食事制限をまったくしていない犬は、同時期に食事制限を行った犬に比べ、平均して2年、早死に

するというデータがあります。つまり、好きなだけ食べて太ってしまった犬は、そうでない犬よりも2年早死にする可能性が高いということがわかります。

犬の2年を人に換算すると8年にも相当します。もしもあなた自身が今の食習慣を改めるだけで、8年長生きできると分かっていたら、どうしますか？何をおいても真っ先に改善を試みるのではないでしょうか？

実際には来院する犬のじつに半数近くは肥満傾向にあるのですが、そもそも飼い主さんに「自分の犬が太っている」という認識がない場合が多いです。まずは、自分の犬の現実を受け入れる必要があります。

さらに肥満を認識していて、寿命を縮める可能性を知っているにもかかわらず、まだダイエットを決心できない飼い主さんもいます。「うちの子は好きなものを食べて早死にしたとしても毎日がハッピーなのだから、悔いはないんです！」と言います。しかし、好きなものを食べて毎日ハッピーというワケにはいかないのが、肥満の恐ろしいところでもあるのです。

ミニチュア・ダックスフンドのダイちゃんは小型犬にもかかわらず、体重が10kgもあります。その外見は、短い足にタルのような胴体が乗っかり、お腹がいまにも地面にくっつきそうな状態です。そして、まだ6歳なのに老犬のようにのそのそと歩き、体に悪いところがないにもかかわらず、いつも無気力です。大変疲れやすく、診察するときも台の上ですぐに横たわってしまいます。散歩に連れ出しても、少しも歩かないうちにすぐに帰りたがると言います。

「テンションが上がるのは唯一、ゴハンのときだけなんですよ〜。だからついつい喜ばせようと美味しいものを与えてしまうんです。」と飼い主さん。

この考えが、完全な悪循環を招いているようです。疲れやすい、無気力、散歩を嫌う、段差をのぼれないなどの症状は、ダイちゃん以外にも肥満犬の多くにみとめられます。それを見て見ぬ振りしている飼い主さんは、無気力や倦怠感をその犬本来の性格だと思い込んだり、歳のせいだとかたずけてしまっているだけなのかもしれません。

試しに数百グラムでも体重をおとしてみると、その違いがよくわかります。犬は前よりも少しだけ軽快に歩き、今までのぼれなかった段差も上がれるようになります。散歩も少しだけ長く楽しむことができるでしょう。さらに体重をおとせば、ボール遊びの楽しみだって思い出すことができます。そうなった方が、食べることが唯一の楽しみだった以前より何倍も、毎日がハッピーと言えるのではないでしょうか。

「あ!!○○ちゃん、体重が500グラムも増えていますよ!」と飼い主さんに言うと、「あっちゃ〜、運動不足かな〜」なんて、のんきな方がよくいます。このように、犬の体重の変化にあまり危機感を覚えないのは、人からすれば数百グラムの変化は「たいしたことはない」と思ってしまうからでしょう。そこで、犬の体重を人に置き換えてみるともっと分かりやすくなるはずです。仮に5kgの犬の体重が500g増えてしまった場合、50kgの人の体重が5kg増えたのと同じことです。こう言うと、皆さんびっくりして「・・・それはちょっとひどいですね、気をつけます。」となります。

さて、犬本来の楽しみを奪ってしまうほど体重がオーバーしてしまう原因はいったいどこにあるのでしょうか？遺伝でしょうか？体質でしょうか？それとも、他の犬よりも散歩が足りなかったからなのでしょうか？

いいえ。原因はすべて、あなたとあなたの家族が与える食事にあります。もちろん、食事と運動のバランスが重要なのは事実ですが、いったん太ってしまった犬の体重を運動だけでコントロールすることは大変むずかしいことですし、まず不可能に近いです。しかし、犬の食事は確実にコントロールすることができます。なぜなら、あなたが食事を選び、あなたが量を決め、あなたがそれを与える回数を決めているからです。

だから、犬の体重の全責任はあなたの判断ひとつにかかっているといっても過言ではありません。あなたの食事に対する認識と行動が変わらない限り、あなたの犬も決して変わることはありません。ただ、家族で好きな時にバラバラに食事を与えている場合や、家族の誰かがこっそりおやつを与えていることもあります。そういう場合には、ぜひこの本を家族の方にも読んでもらってください。それから、家族で話し合うことが大切です。おねだりに応えるという一時的で安易な行動で、愛犬がどんなに多くのものを失っているのかということを、ぜひ皆さんで考えてみてください。

小型犬にビスケットを一枚あげた場合、人がショートケーキを一個食べたのと同じです。そう考えてみると・・・今のおやつのあげ方は本当に適切でしょうか？もちろん、ダイエット用ビスケットのカロリーは低いですが、ダイエットが必要な人が、まず間食をやめるように、犬もおやつからやめないといけません。

それと、もうひとつ。子犬の頃の食事管理が、大きくなってからの肥満に影響することが分かっています。成長期の食事管理は犬の一生に影響を与えてしまうのです。

子犬のうちから無制限に食事を与える飼い主さんがいます。「育ち盛りだからね。どんどん食べさせないと。」このもっともらしい言葉がその行動を後押ししているようです。しかし、脂肪細胞の数は幼小期に決まると言われており、この時期に過剰なカロリーを摂取し、からだに余分な脂肪がつくと、脂肪細胞の数が正常よりも増加することが分かっています。そうすると、成犬になってからもやせにくい体質になってしまい、「うちの子はほんの少ししか食べていないのに、よその子より太ってしまうんです・・・」と、苦労することになります。人間の子供も一緒です。肥満児は大きくなってからも、自分の脂肪と闘い続けなくてはなりません。これは、子供に罪はなく、すべては親の責任と言えます。

まだ子犬の段階でこの項をお読みの場合には、ぜひ今から正しい給与量を守って食事を与えるようにすることをオススメします。こういう話をすると、逆に食事に神経質になりすぎてしまう人もいます。「太らせてはいけないから！」と言って、食事を制限しすぎてしまうことがあるので、注意が必要です。食事を制限しすぎてしまうと、犬の成長のみならず性格形成にも支障をきたします。常に飢えていて、ガツガツした落ち着きのない犬になってしまうのです。

太らせ過ぎも、やせ過ぎもどちらもいけません。質のよい食事を適量与えてください。「フードの袋に書いてある量をあげているのに太るんです！」などという場合は、柔軟に対応してください。マニュアルに縛られず、毎日犬の体をさわってください。アバラはどれくらい触れるか？背中は平らになったり尖ったりしていないか？腰のくびれはあるか？そういった点を日々チェックしてみて下さい。そうすれば、体重計にのらずとも犬の理想的な体重とそれを維持する方法が自ずと分かるようになります。まずはあなたの犬を見て、さわって肥満度をチェックするところから始めてみましょう！

REGRET-11
良いドッグフードを選ばなかったこと

愛犬の健康を本気で考えるのならば、流行りや見た目に惑わされず信頼・歴史・実績のあるドッグフードを選びましょう

犬の肥満は寿命を縮めることが分かっていただけたと思いますが、逆に犬をもっと長生きさせる方法についてもお伝えしておこうと思います。犬が健康で長生きするために欠かせないもの。それが、毎日の正しい食事です。それにもかかわらず、どんなゴハンをあげていいのか迷っていたり、ときには見失っていたりする飼い主さんは少なくありません。

そうなるのも無理はないです。ドッグフードが良いとか悪いとか、手作りごはんは? 半生フードは? トッピングは? などなど・・・いろんな情報や商品が増えすぎたせいで混乱を招いているのです。

最初に、獣医師の立場からはっきり言わせていただきます。現時点で、犬を長生きさせるた

めの最良の食事方法は、「年齢に合わせたドッグフードとたっぷりのお水を与える」ことです。

ドッグフードと言っても、何でもいいわけではありません。「総合栄養食」と記載されたものを選んでください。ドッグフードは犬を健康で長生きさせるために何十年も研究開発されてきました。昔の犬はそれこそ、残飯を食べたり粗悪なドッグフードを食べたりと、食事のせいで長生きできなかったのです。

ドッグフードの研究が進んだおかげで健康で長生きできるようになったのであれば、現時点では多少の保存料や添加物には目をつぶらざるを得ないというのが私の見解です。実際に、ご長寿犬の飼い主さんに食事を聞いてみると、ほとんどの方が総合栄養食のドッグフードを食べさせています。

こういう話をすると、たいてい反発される方がいらっしゃいます。それは、ドッグフード自体に不信感を持っているからです。実際、ドッグフードのメーカーや種類によっては粗悪な原料を使っていたり、添加物が多量に配合されていることが問題視されています。

あなたは、「総合栄養食」と書かれたフードの中でも値段に大きな差があることにお気づきでしょうか?メーカーは決して原料の質が悪い場合にはそれを明かしたりしませんが、どうしても値段と質は比例しているのでは?と疑わざるを得ません。やはり、極端に安い製品には注意が必要ですね。

近年は、無添加・無着色のフードも増えてきました。値段は高いですが、保存料を使っていないドッグフード（通販等で手に入ります）を選ぶのが愛犬にとって最善の食事であると言えるでしょう。しかし、現実的には犬にそこまで高価な食事は買ってやれないという人の方が多いです。値段が手頃な市販の製品から選ぶ場合には、病院で扱うような食事を作っているフードメーカーのドッグフードを選ぶと良いでしょう。市販の中では少しだけ割高ですが、犬に対する研究実績があるので不安が少ないです。値段が少し高くても、健康を維持できることが実証された食事を選んだ方が、長い目で見れば得になります。

ドッグフード選びはパッケージやフードの見た目、宣伝文句に惑わされず、『どれだけドッグフードに対する歴史があり、研究を費やし、実績があるかどうか？』を基準に選ぶことをオススメします。まずは、このことをふまえた上で、毎日の食事を見直してみてください。

さて、もうひとつ、今流行りの「犬の手作りごはん」についてもぜひ知っておいてもらいたいことがあります。近年になって「犬に手作りごはんをあげたい！」という方がどんどん増えてきています。その理由は何でしょうか？

・ネットや口コミ、書籍で流行っているから。
・ドッグフードの原材料や添加物が体によくないと言われているから。
・より愛犬が喜んでくれるから。
・愛する犬にもっと何かしてあげたいから。

などなど…、犬を自分の本当の子どものように大切に思うからこそでしょう。まず最初に断っておきますが、手作りごはんを推奨している方を否定する気はありません。犬の手作りごはんをライフワークにして勉強し、真剣に取り組んでいる方ばかりです。しかし、私は犬の健康を手作り食で管理することは一般的な飼い主さんからすると難しいのではないかと考えています。「手作り」には利点もたくさんありますが、犬を健康に長生きさせる！という目標をかかげている以上はあまりオススメできません。

その理由としては、まず犬の食事を手作りした場合、各種栄養素の配合量などは誰にも分かりません。個人では企業のように本格的な研究や実験ができないのは当たり前ですよね。ですから手作りごはんには、「今、与えている食事の栄養バランスは本当に正しいのか？」という疑問が常につきまといます。

そして、「手作りごはんで犬が長生きした」という確かな実験データが現時点ではないのも事実です（個人の体験談はありますが、どの犬にも当てはまるとは言えません）。だから、長生きできるかどうかは、「各自でやってみないとわからない」ということになってしまいます。これではとても自信を持ってオススメすることはできません。

さらに、「リスクを負ってでも、手作りに挑戦したい！」と思っても、それには手間とお金と正しい知識が必用です。そんな中で、正しく手作りできている人は少ないのが現実なのです。例えば、雑誌で「かんたん手作りごはん」と題されて特集されたりしている、ドッグフードにお肉や野菜をトッピングするだけのもの。これは大きな間違いです。たんぱく質や炭水化物、ミネラルを余分にプラスすることは、ドライフードの完璧なバランスを崩してしまい、かえって病気になるリスクを高めていることになります。

若くて健康なときだったら多少偏ったゴハンを食べていても問題はないでしょう。犬も喜ぶし、飼い主さんもハッピーですよね。ただ年を重ねていくと、消化能力や内臓機能も衰えるので余分な栄養が体の負担になってしまうのです。こうなると、犬に対する愛情が空回りしていることになってしまいます。

そして、いざ病気になった時には大変困ります。動物医療の歴史から見ても、病気に合わせて食事を変えることができるようになってから、犬の寿命は格段に延びました。ドッグフードを食べることに慣れていない犬は、療法食を食べない可能性がとても高いです。そうすると、「うちの子は食べないから仕方がない…」という悲しいことになってしまうのです。

現時点でそこまで考えて手作りごはんを与えている人は、ほぼいないでしょう。しかし、多くの症例を見てきたからこそ、歯がゆく思うのです。

最近、こんなことがありました。

12歳のラブラドール・レトリーバー、ジョンくんは数日前からまったくゴハンを食べなくなったといって来院しました。詳しく検査をしてみたところ、腎不全(じんふぜん)になっていることが分かり、入院することになりました。腎不全の症状のひとつに胃のむかつきがあるので、どうしても食欲は落ちてしまいます。そうなった時、飼い主さんの普段の行いが悲しいほど反映されてしまうものです。

飼い主さんに「ジョンくんの好物は何ですか?」と尋ねたところ、その答えは、「ニボシ」とのことでした。ニボシは腎臓に負担をかけるリンや塩分が多く含まれているので、さすがにあげられません。ジョンくんは普段から味の濃いものを食べ慣れているせいで、腎臓に負担のかからない治療用の食事には見向きもしないどころか、嗜好性の高い犬用の缶詰やレトルトパウチの製品も受けつけてくれません。入院中に何とか食べてくれるのは、ジャーキーやおやつだけという、なんとも絶望的な状況になってしまいました。

ジョンくんのようにならないために、あなたにもできることがあります。健康な今のうちに、犬の年齢・種類・体調に合わせた、信頼のできる総合栄養食を見つけて下さい。ぜひ飼い主さん自身の手で、納得がいくまで選んであげて下さい。

REGRET-12
知らないうちに
ストレスを
かけていたこと

犬にストレスをかけずに長生きしてもらうために、今度こそ本気で禁煙してみませんか？

あなたに悪気はないかもしれません。しかし、あなたが愛犬の寿命を縮めているある習慣があります。

それは、タバコを吸う習慣です。

診察を待っている間に、犬を抱っこしながら外でタバコを吸っている方をよく見かけます。また、飼い主さんが吸っている姿を見ずとも、診察台にのった犬からほのかにタバコの匂いが……なんてこともよくあります。こんな飼い主さんにとってはちょっと耳の痛い話になりますが、後になって悔やむことがないように、ぜひ耳にフタをせず聞いてください。たとえあなた自身が喫煙者ではなくても、周囲の人が吸っている環境にあるならば、残念ながら同じことです。

そういう場合は、ぜひその方に今から書くことを伝えて、あなたが説得してみることをオススメします。

世間では分煙が進み、タバコの値上げにつぐ値上げと嫌煙の風潮が高まっています。喫煙する方はかなり肩身の狭い思いをしているのではないでしょうか。私の周囲でも「今度こそ禁煙する!」という声をたくさん耳にします。人が禁煙する理由には、どんなことが挙げられるでしょうか? 節約のため、自分の健康のため、お肌や体力のため、子供のため、などなど。三者三様あるかと思います。しかし、本気で禁煙するためには何よりも強いマインド＝動機づけが必要不可欠だと言われています。

例えば、ひどい病気で「今すぐタバコを止めないと死んでしまいますよ!」と医師に言われれば、ほとんどの人がパッと禁煙することでしょう。この場合「死にたくない!」という思いが、かなり強い動機になるからということは言うまでもありませんよね。

さて、その重要な動機づけのひとつに「犬の長生きのため」という理由を加えてみてはいかがでしょうか?「副流煙」という言葉はすでに広く知れ渡っていると思いますが、具体的にはどんな害があるのかを簡単におさらいしておきます。

タバコの煙(副流煙)に含まれるニコチンやタールはフリーラジカル(細胞を損傷・死滅させる分子)の原因になるばかりでなく、血管を収縮させ、動脈硬化を促進し、皮膚の血流を低下させてしまいます。フリーラジカルにより遺伝子が損傷すると、ガンの頻度も増えます。これは人と動物に共通して言われていることです。

さて、ここからが肝心です。人に比べて嗅覚が発達している犬の場合、喫煙している飼い主さんが知らないうちに、さらなるダメージを受けているのです。犬の嗅覚は人間の数千倍とも数万倍ともいわれています。そんな発達した嗅覚へのタバコによるダメージは人間にはとても計り知れません。嗅覚が麻痺した犬は生きるための武器を失ったといっても過言ではありません。

お散歩での自分のなわばりの確認やライバル・友達の匂いを嗅ぐとき。大好きな飼い主さんの匂いを確かめるとき。毎日楽しみなゴハンやおやつを食べるとき。犬は嗅覚で情報を得て、喜びを感じたり、危険を察知したりしています。その鼻をやられてしまっては、生活すべてに大きなストレスをかかえて自信や気力を失ってしまうことになります。

「パッと見たところはいつも元気だし、うちの子は大丈夫！」と思ってしまうかもしれません。しかし、決して大丈夫なことはありません。大事なのでもう一度言います。

「タバコの煙は犬にとって大きなストレスであることに間違いありません。」

そのストレスに立ち向かうために、ビタミンCなど抗酸化作用のある栄養素が大量に消費されます。そして、十分な補給がない場合、ビタミン不足に陥ります。そうなると動脈硬化が進み、血管にダメージが生じるなど老化がますます助長されてしまうのです。

犬も人もアンチエイジング（抗老化）を目指すなら、タバコは厳禁です。愛犬に健康で長生きしてもらうためにはガマンも必要。「大切な犬のために禁煙する！」というのは、とてもステキで誇らしいことなのではないでしょうか。

じつはタバコ以外にも、あなたが気がつかないうちに犬は様々なストレスにさらされています。それでも、あなたの犬は決して文句を言ったり（言っているのに伝わらないことが多いですが・・・）しません。

そんな犬たちに代わって、「ストレスフリーな環境づくり」を提案したいと思います。

人間社会のストレスといえば、お金、恋愛、仕事、人間関係・・・挙げるとキリがありませんね。そういったストレスとは無縁で、羨ましくさえ見えるワンコたち。「ほんとにストレスなんてあるの!?」と驚くかもしれません。いつも無邪気で楽しそうに暮らしているように見えて、知らないうちに犬は多くのストレスにさらされているのです。

まず1つ目は「音」です。犬の周りには多くの人工的な音があふれています。工事の騒音、車や電車の走る音やクラクション、踏み切りの音などなど・・。

トイ・プードルのジローくんはある日、飼い主さんが帰宅すると部屋の隅で震えていたそうです。そんなジローくんを見つけた飼い主さんは心配になって急いで病院に連れてきました。しかし、病院に着いた時のジローくんにはすっかりいつもの元気が戻っていました。身体検査をしてもどこにも異常が見当たりません。そこで、家での変化やきっかけとして思い当たることをよくよく聞いてみると、「そういえば、昨日から隣で工事が始まったんですよ～」とのこと。とりあえずは、自宅で様子を見ていてもらったところ、やはり工事の終了とともに震えもおさまったそうです。

ジローくんに限らず、犬の中にはとても繊細な子がいます。さらに若い時は平気でも、年をとると神経質になることが多いので、急な騒音でびっくりさせたりしないよう気をつける必要があります。逆に犬が好きな音もあります。例えば、仲間や好きなモノが発する音ですね。飼い主さんの声をはじめ、好きなテレビがある犬もいます。こういった好きな音を増やして、きらいな音を遮断してあげる工夫ができれば理想的です。

2つ目は「匂い」です。あるチワワがペットホテルで来院した時に、こんなことがありました。その子の飼い主さんはかなり香水がキツいなという印象の女性でした。その方から犬を預かって、ケージのある部屋に入れました。しばらくして様子を見に行ってみると、なぜかその部屋全体に香水の匂いが漂っています。まさかと思いましたが、そのワンコに鼻を近づけてみると…お姉さんと同じ香水の匂いがしっかり被毛にしみついていました。さすがに犬自体に香水をつける人はいないと思うので、いつも一緒にいて匂いがうつってしまったのでしょう。

これは大変可哀想なことです。人よりも発達した嗅覚をもつ犬にとって、人工的な匂いは大きなストレスになります。香水以外にも、芳香剤、機械油や金属、プラスチックやビニールなど・・・、人には気にならない匂いでも敏感に感じてしまうので注意が必要です。

消臭剤は無香料のものを選んであげてください。香水は人工的に香りが増強されています。どうしても香りが欲しいという方は、ほのかな香りの天然のアロマオイルでしたら問題ないでしょう。犬も自然の草木や花、土の匂いなら大歓迎です。そして、仲間の匂いや大好きな飼い主さんの素の匂いもまた安心感とやすらぎを与えてくれることでしょう。

ストレスは老化を早め、免疫力を下げ、その結果として寿命を縮めます。とにかく、人にとっても犬にとっても「長生き」の大敵です！今一度、あなたと犬の暮らしを見直してみてください。少しの工夫でもっと健康的に、もっとストレスなく犬と暮らせるはずです。

REGRET-13

インターネットにだまされたこと

中には愛犬の健康を害するシロモノも・・・真偽不明の情報が飛び交うインターネットにご用心

とても健康志向の高い、ある飼い主さんのエピソードがあります。

シーズー犬のリリちゃんは生まれつきアトピー体質だったこともあり、当院に初めて来院した時（8年前）にとったカルテには、ドッグフード以外に10種類近い漢方薬とさらに数種類のサプリメントを飲んでいたとの記載がありました。お年寄りもびっくりの薬の量です。しかし、まもなくして尿に結晶ができてしまっていることが分かったため、すべての漢方薬を中止したのですが、尿の結晶ができなくなったこと以外、まったくなんの変化もなかったそうです。そしてその後の8年間、漢方薬なしでも元気に現在12歳を迎えています。これはちょっと皮肉な話ですね。

世間では健康志向、自然派志向が空前のブームを見せています。私もナチュラルな製品は大好きです。スキンケアは無添加のものを使っていますし、食べ物もできるだけ添加物を避けるようにしています。サプリメントを飲むこともあります。それは、いつも決まった栄養素をきちんと摂れる食事ができるわけではないので、足りない時には補う必要があると考えているからです。

一方でドッグフード（総合栄養食）は、すでに犬にとって完璧な栄養バランスを考えてつくられています。そこに、体に良いからと言ってやみくもに栄養素をプラスすることはかえって食事のバランスを崩すことになりかねません。

こういった間違いは、どうして起きてしまうのでしょうか？

間違いの多くは、インターネットで簡単に情報を得られるようになったことと、時を同じくして増えてきたように感じます。ネット上には正しい情報もありますが、まちがった情報も好き勝手に飛び交っています。それは、検索して上位にあがってくるようなサイトにおいても例外ではありません。

「犬の免疫力を高める！」とうたった謎の漢方薬入りサプリメントを推奨する獣医もいます。「馬肉が犬の健康にいい！」とブームになったこともありました。「アボカドは栄養豊富な食材だから犬にもオススメ」と書いてあったので与えたら、下痢をしてしまったなんていう飼い主さんもいました。

こういった情報の中には医学的な根拠がまったくないものも少なくありません。私がとくに問題視しているのは、「犬と人間の違い」を無視して、人に良いものを犬にもそのまま当てはめようとする風潮があることです。ペット産業は消費者（飼い主さん）にウケの良さそうな製品を発売しては、ブームを作り出そうと狙っています。本当に良い製品なら大歓迎なのですが、中には犬の健康をおびやかすようなシロモノもあります。それを、さも安全かのように売り出している業者がいるので注意が必要です。

近年、目にして非常に驚いた情報のひとつをご紹介しておきます。それは、「犬のノミ・ダニ予防はニンニクで100%ナチュラルに！」といった宣伝文句で、ニンニク入りのサプリメントが販売されていました。そのサイトに書かれていたのは、「ノミやダニは弱った犬に寄生しやすいと言われています。ニンニクは免疫力を高める作用があるため効果があります。またノミやダニがニンニクの匂いを嫌って寄り付きません。」といった内容でした。

この情報。まさに、〝ネコが顔を洗うと雨がふる〟とか〝夜に口笛を吹くと蛇が出る〟などという話と同じくらい迷信もいいところです。ノミやダニは機会さえあれば、どんな犬にも寄生します。元気いっぱいだろうが、弱っていようが、関係ありません。そして、きちんとした作用をもつ薬（動物用医薬品）を使わなければ、ほとんど予防したり駆虫したりすることはできません。

そもそも、ノミ・ダニに対しては動物用医薬品として犬用に長年かけて研究・開発され認可された特効薬があります。この薬を投与することで、ほぼ100%寄生を防ぐことができます。

正しく使用すれば健康への被害もほとんどありません。それにもかかわらず、「化学物質は体に良くなさそう・・・」というイメージだけで安易にナチュラルな製品に頼ってしまう飼い主さんがいるのも事実です。ネット上で「うちの子はニンニクサプリメントを飲んでいて、今までノミ・ダニがついたことはありません。」といった体験談が書かれていたら、もっともらしい情報として認知されてもおかしくありません。これが、インターネットの怖いところです。

百歩譲って、効果がないだけならサプリメントは所詮〝気休め〟と考えればまだ許せなくもありません。しかし、まちがった情報のせいで多くの犬の健康が害されている場合は絶対に見逃すことはできません。そもそも犬にとってニンニクが毒になるということは、獣医の中では常識中の常識です。タマネギや長ネギ、ニンニクなどには「アリルプロピルジスルフィド」という長い名前の物質が含まれていて、これは人には平気でも犬には毒になります。血中の赤血球を障害して酸素の運搬を邪魔してしまうのです。そして、犬に下痢、嘔吐、おしっこが赤くなる（血色素尿）、貧血などの症状を起こします。前記のサプリメントは犬の体重と与える量によっては症状が出ないので、製品として成り立っているわけですが、「少量なら害にならないから大丈夫！」などという言葉に惑わされてはいけません。症状まで出なくても、体に害のある物質を愛犬に摂取させることは、健康志向の真逆の行為に他なりません。犬の具合を悪くさせて、本当にナチュラル志向と言えるのでしょうか。

犬の健康を害するような流行りモノを安易に試すのは、言語道断です。ただし、こういったケースはちょっと詳しく調べれば、反対意見もインターネット上に載っていたりします。（どちらも素人なので説得力に欠けたり、間違った情報の方が優勢であることもありますが・・・）さらには、動物病院に行った際に獣医に質問すれば、間違いを正してもらうことができます。そうでなくても、下痢をしたり、健康診断で血液の数値に異常がでれば「最近始めたコレのせいだ！やめておこう」と飼い主自ら気がつくこともできるので、まだ不幸中の幸いと言えるでしょう。

もっとやっかいなのは、すぐには目に見えて良くも悪くもならない製品です。「効いているのかよく分からないけど、これがワンコのためなんだ」という飼い主さんの愛情を逆手に取り、やめるにやめられない状況を作り出しているのだから、かなりのくせ者です。そんな、「効くかどうかもわからないモノ」にお金を遣う余裕のある方は止めませんが、それならもっと犬のためになる有効なお金の使い道があるのではないかと思ってしまいます。

そして、それらを与え続けた結果、健康被害を引き起こすことも少なくありません。こうなっては、ほんとうに気の毒でなりません。そこではじめて飼い主さんは「ネットの情報を鵜呑みにして余計なことをしなければよかった…」と後悔することになります。

賢明な犬の飼い主さんであれば、まちがった情報に踊らされることは少ないのかもしれません。しかし、犬に対する知識がまだまだ足りなくて不安をかかえている方はどうでしょうか。まずはじめに耳にしたり、目にした情報をそのまま信じてしまうことだってあります。逆に犬に対して熱心すぎるあまり、ネットでたくさん検索して、その中のもっともらしいウソの情報を信じてまちがった方向へ進んでしまった人も少なくないはずです。

飼い主は犬に変わって、消費者として「正しい選択をする」責任があります。直感やなんとなくよさそうなどといったイメージに頼らず、分からない時は犬の病気と健康維持の専門家である獣医師に聞いてください。そして、きちんと情報を集めてから、さらに自分の頭を使って判断することが大切です。

正しい判断を助けてくれる基準としては、以下の点を確認して下さい。

あなたが目にしているその情報は・・・

・きちんとした科学的な根拠と実験データがあるのか？
・信頼に値する人が発信しているのか？
・その人は本当に犬の生理学、健康や病気についての知識がある専門家なのか？

犬の専門家と呼ばれる人は獣医以外にもたくさんいますが、かなり主観が入った意見を言う人も少なくありません（少数ですが、獣医の中にも変なことを言う人はいます）。ひとつの答えに飛びつく前に、自分の中で判断基準を設けて、まずは冷静な情報収集に徹することをオススメします。

ただし、いちど調べて確実とされていた情報に関しても、安心してはいられません。後になって新たな事実が判明したりと、情報は日々更新されていきます。ですので、まずはきちんと情報を集めて納得した後でも、こまめに新しい情報をチェックすることは忘れずにやっておいたほうがいいでしょう。なお、私は常にアンテナを張って、最新の情報を集めてメールマガジンで配信していますので、よければ活用してみてください。ブログをチェックするよりも、メールマガジンに一度登録しておけば最新情報を見逃す心配がありません。

「大切なペットを3年長生きさせる秘密の方法」→　http://www.mag2.com/m/0001048020.html

最後にひとつだけ。情報収集の際に起こりやすい失敗があるのでお伝えしておきます。それは、「家族」もしくは「犬に詳しい友人」に聞くという失敗です。家族やトモダチにはまったく悪気はありませんが、人は親しい人に何かを尋ねられると、きちんと調べたりせずとも、なんとか答えてあげようとするものです。そうなると、その人の情報元もまた確認する必要があるので、結局は専門家に聞くか、自分で調べるのが一番効率がいいのです。ぜひ愛犬のために、正しい判断力を身につけてください。

REGRET-14

老いに気がつかなかったこと

老化を見逃して習慣が負担になっていませんか？愛犬の年齢は人間に換算するのが有効です

飼い主にとって、犬はいつまでもかわいい子供のような存在です。5歳のときも10歳のときも15歳になっても、ついつい元気な子供として見てしまいがちです。愛犬に常に元気でいてほしいというのは犬と暮らしているすべての人の共通の願いではありますが、その気持ちが逆に、愛犬の「老いの変化」を見逃させてしまうことがあるので注意が必要です。

ミニチュア・ピンシャーのロンくんには、若い頃からある習慣がありました。それは、月に1回のお手入れのために、病院までの片道40分ほどの距離を欠かさず歩いて来ることでした。（往復で80分はスゴイですね！）ロンくんはいつも元気いっぱいで、「月に1回の特別な長いお散歩をすごく楽しみにしているんですよ。」と飼い主さんも嬉しそうです。そんなロンくんも気がつけばもうすぐ17歳という頃でした。さすがに、「だいぶ歩くのも遅くなって、病院まで来るのにかなり時間がかかるようになったんですよ〜」と飼い主さん。それでも、ゆっくり時間をかけて歩いて来たと言います。

よほど体調でも崩さない限り、「若い頃からの習慣をいつやめるのか」というのは、なかなか決断できないものです。幸運なことにロンくんは丈夫な体の持ち主で、これまでたいした病気もしてきませんでした。しかし、そんなロンくんもさすがに歳には勝てず、月日を追うごとに体力が落ちて、最後にはとうとう歩けなくなってしまいました。それでも、飼い主さんは「ほら、しっかり！」とロンくんを励ましていたそうです。ロンくんはその数日後に、老衰で静かに息を引取りました。

飼い主さんが「最期は見る見るうちに弱ってしまいました。もう少し早く諦めをつけていたら、何かしてあげられたのかもしれません・・・」とつぶやいたのが、大変印象に残っています。ロンくんは、それはもう十分すぎるほど寿命をまっとうしていますし、とても幸せな犬であることにまちがいありません。ただ、ロンくんの飼い主さんが言うように、もしもできるだけ早い段階で老いを受け入れることができた場合には、さらにもう少しだけ工夫してあげられる点があったのかもしれません。これは、飼い主さんにとっての「後悔なく犬と過ごす」という視点に立った場合には、大切な心がけのひとつです。

「愛犬にいつまでも変わらず、元気でいてもらいたい！」という気持ちは本当によくわかります。ただ、どんなに元気な犬でも確実に歳をとります。それは誰にも逆らえない自然の摂理です。いつかは現実に目を向けて、老いを受け入れないといけません。そうすることが愛犬のためでもあり、あなたにとっても愛犬との別れが訪れたときの心構えと、後悔を減らす助けになってくれるはずです。

では、老いに気がつくサインにはどんなものがあるでしょうか？「ちょっと顔周りの毛が白くなってきた」だとか、「散歩で歩く距離が短くなった」、「寝ている時間が長くなった気がする」などでしょうか。本当に「言われてみれば・・・」ということが多く、健康であれば日常的にかなり配慮していないと見逃してしまいがちなことばかりです。

そんな時に、愛犬の老いを客観的に見て、さらに実感することができる、ある有効な方法があります。それは、「今、愛犬は人に換算すると何歳なのか？」と考えることです。歳をとって起こる変化は犬も人も大差はありません。あなた自身がまだ老いを感じていなくとも、あなたの周りにいる年配者の話を聞くことで理解を深めることができるはずです。犬を人間に例えることで、より犬の体調の変化を身近に感じられることでしょう。

例えば、小型犬で8歳は人間で48歳くらいなので、そろそろ病気が増えてくるから年に1回は健康診断を受けなくてはいけない年齢だなと実感するはずです。さらに大型犬が10歳にもなると人間では76歳です。足腰も弱って、階段の上り下りが辛いとか、食べ物も消化しにくくなったとかご老人の悩みを愛犬にも当てはめて、思いやることができるのではないでしょうか。

ただし、ひとつ注意してもらいたいことがあります。それは、歳のとり方は人でも差があるように、「犬によってちがう」ということです。犬種によっても異なりますし、生活習慣でも大きく左右されます。「うちの子は12歳だからお散歩の時間を減らさなきゃいけない」といった安易な考え方をするのはオススメできません。犬と人の年齢換算表は、あくまでも目安にして、まずはご自分の愛犬をよく観察してください。そして、「老いの変化」が見られた場合には、それに見合った対策を考えてあげればいいのです。

ここで参考までに「老いの変化」としてよく見られる項目を挙げておきます。

・筋力、骨、関節の衰え（歩く距離が減った、すぐに疲れてしまう、仰向けで寝なくなった　など）
・消化能力の衰え（食べる量が減った、便がゆるくなりやすい　など）
・目・耳・鼻の衰え（物にぶつかる、呼んでも反応しない、おやつを置いても気がつかない　など）
・免疫力の低下（皮フをかゆがる、耳垢が増えた、目やにが増えた　など）

・心臓・腎臓・肝臓などの内臓機能の衰え（病院での検査が必要）

考えられる対策ですが、散歩コースや時間を見直す、消化に良い食事やおやつに変更する、家の中を老犬に適した環境に変えることがまず基本として挙げられます。また、症状を緩和するための薬やサプリメントを使って効果が得られる場合もあります。老犬用のサプリメントには関節に良いもの、目に良いもの、皮膚に良いもの、免疫力を高めるものなど様々ありますが、その中でもとくに関節の軟骨形成を助けるグルコサミンやコンドロイチンは目に見えた効果を得やすいように感じます。その他、夏と冬の温度管理に気をつけること、定期的に健康診断を受けて病気を早期発見することも重要です。

それではさっそく、次のページの「年齢換算表」を参考にして愛犬の「人だったらいくつなのか？」を把握しておきましょう。そして、「いつまでも元気で！」という願いをもつ傍らで、犬が重ねた年齢をリアルに感じながらそれ相応の配慮をしてあげてください。

犬と人間の年齢換算表

小型犬・中型犬	大型犬	人間
1ヶ月		1才
2ヶ月		3才
3ヶ月		5才
6ヶ月		9才
	1年	12才
9ヶ月		13才
1年		17才
	2年	19才
1年半		20才
2年		23才
	3年	26才
3年		28才
4年		32才
	4年	33才
5年		36才
6年	5年	40才
7年		44才
8年	6年	48才
9年		52才
	7年	54才
10年		56才
11年	8年	60才
12年		64才
13年	9年	68才
14年		72才
15年	10年	76才
16年		80才
	11年	81才
17年		84才
	12年	86才
18年		88才
19年	13年	92才
20年		96才

DOG'S QUALITY OF LIFE

第4章　犬の病気編

REGRET-15

病気を見逃していたこと

手遅れになる前に定期的な健康診断で愛犬に潜む病気を早期発見！ これが究極の長生き法です

あなたは、究極の長生き法をご存知でしょうか。それは、人でも犬でも「できるだけ早く病気を見つけること」だと思います。予防医学が進み、ドッグフードが改良され、飼育状態もどんどん良くなり犬も長生きできる時代になってきました。その一方で、長く生きればそれだけ病気になる確率が上昇するのは人でも犬でも同じことです。どんな健康法を試したところで、すべての病気を防ぐことはできません。それは、毎日細胞分裂をくりかえし、確実に老化していく「生物」として、ごく自然なことだからです。

そう考えてみると、寿命を確実にのばすことができる唯一の方法は「病気をできるだけ早く、まだ治す元気があるうちに見つけること」だと思うのです。しかし困ったことに、犬は自分の体調をうったえることができないので、病気がかなり進行してからやっと見つかるということが多いです。とくに、体の小さな犬にとってはこのことが命取りになりかねません。

なぜかというと、病気が見つかっていざ治療しようという段階の時にはすっかり体力が弱っていて、手遅れになってしまっていることがあるからです。精密な検査をしたり、麻酔をかけて手術することはそれ自体が体力を消耗させます。病気を治すためとはいえ、犬からしてみれば何をされているのかも分かりません。犬の性格によっては精神的なストレスを受けて、さらに病状が悪化する場合もあるくらいです。だからといって、検査もナシ！治療もナシ！と簡単にあきらめて済むことでもありません。

ある患者さんのエピソードは、このことをよく考えさせられるはずです。

ポメラニアンのレオンくんは10歳で吐き気と下痢の症状が続いていました。血液検査やレントゲン撮影、超音波などの検査をしても原因が分かりません。そこで内視鏡を飲んで、もう少し詳しい検査をすることをおすすめしました。しかし、飼い主さんはレオンくんに検査を受けさせるのがどうしても可哀想になってしまい、「あとは対症療法で様子を見ます。」と言って、検査を受けるのをやめてしまいました。

レオンくんは10歳とはいえ、検査に耐えるだけの体力は十分ありますし、もし有効な治療法のある病気だった場合には、完治も望めます。たとえ癌などの難しい病気が見つかっても、その病気とつき合いながらまだまだ寿命をまっとうすることだってできるはずです。「本当に体調が悪くなってから検査をしたいと望んでも遅いですよ」と、できる限り説得を試みましたが、飼い主さんの頭を占めるのは目先の「検査は可哀想」という気持ちと、「愛犬が重い病気かもしれない」という不安から目を背けることだけでした。

たしかに、知らない方が幸せなことも世の中にはたくさんありますが、病気に関しては違います。きちんと病気を見つけ出して、それとできる限り闘う勇気を持たなければ、必ず後になってから痛いしっぺ返しを食うことになります。

レオンくんのように症状が出たら、多くの飼い主さんは心配になって検査を受けに病院に訪れます。しかし、それだけでは不十分と言わざるを得ません。この項では症状が出る前の「定期的な健康診断」の重要性についてもお話しておきます。

どんな方でも、これまでの人生で何かしらの健康診断を受けたことがあるはずです。学生の頃にも機会がありますし、会社勤めをしている方なら年に1回の健康診断が義務づけられている場合もあるでしょう。では、「愛犬に年1回から2回は健康診断を受けさせている」という方はどれくらいいるでしょうか?

実感としては、まだまだ少ないと思います。犬が健康診断を受けるときはたいてい、何かしらの不安要素(例えば食欲がおちているなど)があるときが多いです。症状が出て初めて検査で見つけようとするのは「健康診断」ではなく、「病気診断」となってしまいます。

その点、チワワのモモちゃんの飼い主さんは違っていました。とくに症状がなくても3歳を迎えた頃から、年に1回ワクチンで来院するたびに必ず、「健康診断もおねがいします！」とオーダーされていたのです。そして、ある年の検査でその効果が現れました。

モモちゃんはゴハンも良く食べ、外見上もとても元気でしたが、血液を検査してみると肝臓の数値が上がっていることが分かったのです。程度が軽かったこともあって、まずは食事の見直しをすることになりました。よく話を聞いてみると、「そういえば最近、1日1本ジャーキーをあげるようになりました」とのこと。とりあえず原因として疑われるおやつは止めておいてもらうことにして、1ヶ月後に再度検査をしたところ、異常だった数値は無事に下がっていました。

こういった内臓機能の変化は血液検査をしてみないとまず発見がむずかしいです。症状が出れば、いくつか疑われる病気を考えることができますが、そうなったときには、もっと重症な病気の前触れだったり、軽い病気でも気がつかないうちに進行して治りにくくなっていることが多いです。

健康診断は決して安いものではありません。犬には国の健康保険がありませんし、近年加入者が増えているペット保険に関しても、病気の時は保障されても無症状での健康診断には使えないものがほとんどです。病院や受ける項目によっても値段はちがいますが、健康診断だけで数千円から数万円はしてしまいます。「あるかどうかわからない病気」のためにそのお金を使うかどうか、そこが運命の分かれ道とも言えます。

さて、ペット保険が使えなくても、健康診断を定期的に愛犬に受けさせることができる、ある工夫があります。それは、毎月数千円ずつ、犬のために貯めておくという方法です。これを私は「ペット貯金」と呼んでいます。

仮に毎月千円貯めたとすると、1年で1万2千円です。これだけあれば、たいていの病院では血液検査を受けることができます。また、毎月2千円ずつ貯金できれば、半年ごとに血液検査、もしくは1年おきにレントゲンも含めた全身の健康診断が受けられます。また、急な病気をして入院が必要になったときなどにも使うことができます。

ただし注意しなければならないのが、定期的に検査を受けているからといって、完全に安心はできないということです。犬は人に比べて変化が早いです。犬の1年は人では4年に相当するので、1年に1回だと4年に1回の検診ということになります。なので、普段からできれば月に1回を理想に、最低でも3ヶ月に1回は身体検査を受けに行っておくことをオススメします。値段も診察料だけなので、かかりつけの病院なら千円前後で済みます。

「もっと早く病気に気がついてあげられたらよかった・・・。」衰弱し、手の施しようがもうほとんど残されていない犬を前に、嘆き悲しむ飼い主さんを数多く目にしてきました。よく観察することで見つけられる病気もあれば、見ているだけでは獣医ですら発見できない病気だってあります。「健康診断」はそんな後悔を回避する唯一の方法ではないでしょうか。

愛犬にもしものことがあった時に、あなたが後悔することのない「道」を今から選んでおくことをオススメします。

REGRET-16

病院を適当に決めたこと

良い病院の条件や医療費の相場をチェック！愛犬が健康なうちにベストな病院を見つけましょう

「愛する動物に長生きしてもらいたい！」そう強く願うのならば、飼い主さんはとっても大切な「ある選択」をしなくてはなりません。それが、「かかりつけの動物病院選び」です。どんなに健康に気をつけていたとしても病気になってしまうことは、どの犬にでもあります。そんなときに信頼できる、かかりつけの存在はすごく頼もしいものです。逆に、「まだ信頼できる病院がない」という場合には、先延ばしにせず愛犬が健康なうちに必ず見つけておくことをオススメします。

「だけど、動物病院ってたくさんあるし、どこでも一緒じゃないんですか？」というあなた。病院選びに手を抜くと、必ず後悔することになります。選ばれる側の獣医がこんなことを暴露していると怒られてしまいそうですが、「病院選びをまちがえて後悔した」という飼い主さんの話は後を絶たないのも現実です。同業者からのお叱りを覚悟の上で、動物病院選びのポイントについてできるだけ客観的なアドバイスをさせていただこうと思います。

「良い動物病院の条件」とはどんなことでしょうか。いくつかあげてみました。あなたの犬の「かかりつけ」には、いくつあてはまりますか?

【動物病院選びのポイント】

1．評判がいい
2．先生の説明が分かりやすい
3．家から近い(遠すぎない)
4．会計が明瞭

5．院内が清潔

6．緊急時に対応してくれる

まず言えるのが、病気や治療についての獣医師の説明は適切で分かりやすくないといけません。飼い主さんが理解して納得できなければ、きちんとした治療をすることがむずかしいからです。ただ、獣医も人間ですのでコミュニケーションは大切です。獣医が尋ねたことに正直に答えるのは、愛犬の病気を診断する上で大きな助けになります。そういった会話のキャッチボールをしてはじめて、お互いの信頼関係をつくることができるのであって、飼い主さんが獣医をはなから疑っていては、どの病院へ行ってもなかなか良い関係は築けないはずです。獣医師とコミュニケーションがとれていない場合には、後々もめてしまう可能性もあります。病気のこと以外にも、健康管理やしつけなど気軽に相談できる病院が、あなたと愛犬に合っていると言えるでしょう。

次に、動物を飼っているご近所の人たちの生の声。じつはこれがいちばん役立ちます。ただし、1人だけに聞くと偏ってしまうこともあるので、できれば複数の方の意見を聞いてください。ご近所に「イヌ友」がいないという方も、心配することはありません。今はなんでも口コミの時代です。「食べログ」に「アットコスメ」、「価格ドットコム」などなど・・・。やはり、口コミで評価が高いお店や商品は人気がありますし、選んでまちがいない場合が多いので私も口コミサイトには頼りっぱなしです。そんな流行りを受けて、「動物病院の口コミサイト」なるものも少しずつ出現しています。

以前、私のメルマガとブログの読者さんを対象にこんなアンケートをとってみたことがあります。それは、「今現在、あなたの動物を任せることができる、かかりつけの病院を教えてください」、「あなたがお友達に自信をもって勧めることができる動物病院を教えてください」という内容のものでした。

日頃から「動物の長生き」を目指す、志の高い読者さんが多いので、そんな方を対象にしたアンケートを実施してみたのです。病院の5段階評価といっしょにその理由も教えてもらうことにしました。そうすれば、見ていただいた方にも「なるほど」と納得してもらえます。ちなみに左記がそのサイトですので、よければ参考にしてみて下さい。

クチコミ!【全国オススメ動物病院】　http://animalhospitalq.blog.fc2.com/

誰にも頼らず自分で探す場合には、インターネットの検索のみで決めるのは危険です。上位に表示された病院が、裁判沙汰を起こしていたなんてことも実際にありました。ネットで検索するときは、必ずその病院の評判(口コミ)等もあわせてチェックしてください。

自分の犬がいつ何時、緊急の病気にかかるかは誰にも予測できません。普段かかっている動物病院が夜間や休日に対応していない場合は、念のため他の病院も見つけておいたほうが良いでしょう。かかりつけ病院のスタッフや先生に「夜間・救急に対応した病院はありませんか？」と聞いておくと、同じ地域の病院をいくつか教えてくれるはずです。

「会計が明瞭」というのも、はずせないポイントのひとつです。会計をすべて細かく記載する病院は少ないのが現状ですが、薬代や処置代などがいくらかかったのか、明細はきちんと知っておくべきです。あなたは今まで動物病院にかかったときに「高い」と感じましたか？「安い」と感じましたか？医療に対する価値観は人それぞれだと思いますが、同じ治療をするのに病院がちがうだけで、治療費に何万円（手術や入院となると、何十万円）も差が出ることを知ったらどうでしょうか。「そんなバカな！」と思うかもしれませんが・・・コレ、ほんとうの話です。飼い主さんは相場がよく分からないので、言われるがままに支払うしかありません。しかし、後になって他の人の話を聞いた時に「高かった！」と後悔することになるのです。そうならないためにも「今行っている病院の治療費は適正なのか？」に関しては、一度チェックしておいて損はないと思います。日本獣医師会が行った調査でだいたいの相場が分かります。

小動物診療料金の実態調査　http://nichiju.lin.gr.jp/small/ryokin/top.html

見ていただくと分かりますが、同じ「狂犬病ワクチン」を打つだけでも、千円～1万円以上と差があることには驚きます。ただし、値段だけに注目するのは間違いですね。もちろん安いに越したことはないのですが、病院の設備や獣医師によって技術に差があるのは確かです。治療費の相場を知った上で、必要な処置に見合った病院を選択することが大切です。難しい病気のときに医療費をケチって、それ相応の治療しかうけなければ、もっと取り返しのつかない後悔をすることにもなりかねません。賢く見極める目をぜひ養ってください。

このように、良い病院の条件を書き並べてみると、「家から近い」以外の項目はすべて、病院側の努力次第だとあらためて感じます。動物病院も競争が激しくなっているので、切磋琢磨されて良い病院が増えていますが、まだまだすべてを満たしている病院ばかりとは言えません。

一方で、『努力している病院＋飼い主さんの協力＝最強の関係』が築けるということに気がつきます。犬は自分の痛みや苦しさを言えません。飼い主さんが症状や経過を的確に伝えることは獣医師にとって何よりも助けになります。獣医の「診断の腕」を2倍にも3倍にも引き上げてくれるのです。

まず病院に行く前に、よく愛犬を観察してください。そしてあなたが、犬のいちばんの代弁者になり、動物病院を最大限に活用してください。

REGRET-17
獣医の言うことを守らなかったこと

「不良飼い主」でいては愛犬の寿命を縮めてしまう!? 病気に関することは、まず獣医に聞くのが一番！

ケンカを売るわけではありませんが、あなたは「不良飼い主」ではありませんか？

「不良飼い主」というのは、私が勝手につくった言葉です。これは、犬への愛情がなかったり、犬を虐待しているようなひどい飼い主さんを表した言葉ではありません。どちらかというと犬への愛情は十分あって、必要なお世話はしているけれど、「獣医の言うことを守ってくれない飼い主さん」のことを、私なりに愛情を持って言い表してみました。

イメージとしては、根はいい人なんだけど、素直に言いつけを守ったりするような「優等生」ではなくて、自分の好きにしたい自由なタイプの「不良」といったところです。根がいい人なだけにどうにも憎めない、不良ってそんなものですよね。どちらにしても飼い主さんを「不良」呼ばわりするなんて、たいへん失礼な話ですがどうか怒らないで聞いて下さい。

例えば夕飯のおかずやパン、おやつなど、人の食べ物は犬には味が濃すぎますし、塩分も高いので「犬に与えてはいけない」というのが常識です。それこそ「優等生」からしたら「犬の体に悪いと分かっているものをあげちゃダメにきまってるじゃないですか、そんなものあげている人は飼い主失格ですよ！」となります。しかし、「不良」からしたら「ちょっとくらいあげたって変わらないよ〜、うちの子は好きなものを食べても丈夫で長生きしてるし！」となるわけです。これはもう飼い主さんの性格と考え方のちがいです。

犬が健康なときは、多少「不良」でいてもとくに問題なく過ごせるかもしれません。しかし、病気になったときに「不良」のままでいると大変痛い目に遭うことになります。

キャバリア・キングチャールズ・スパニエルのルビーちゃんは、心臓に病気を抱えていました。心臓病はたいていの場合、入院して短期間で完治を目指すような病気ではありません。自宅で治療をしながら、いかに現状維持もしくは病気の進行を遅らせるかが大切な鍵となる慢性病のひとつです。そのためには、毎日の食事や投薬はもちろん、生活管理が大変重要になってきます。

飼い主さんはルビーちゃんをたいへん可愛がっていました。しかし、勝手に薬をやめたり、心不全のときはとくに与えてはいけない、塩分の高い食べものをあげてしまったり、太らせると心臓の負担が増えてしまうのにおやつのあげすぎで体重を増やしてしまったりと、なかなか言うことをきいてくれません。

さすがに私も、「そんなことをしたら心臓に毒ですよ！ルビーちゃんは心臓に爆弾をかかえていると思ってください！」と、強い口調で怒ってしまったこともありました。

そんな、獣医泣かせの「不良飼い主」さんが変わったのは、ルビーちゃんの容態が急に悪化したときのことでした。そうなってはじめて、「心臓に爆弾をかかえている」という言葉の意味を実感できたのだと思います。ルビーちゃんは強運の持ち主だったため、一度悪化した容態をなんとか持ち直すことができました。

それからの飼い主さんが「超優等生」になったのは言うまでもありません。もっと早くそうなってくれていたら、こちらも助かったのですが・・・今でもルビーちゃんは元気にしているので、運に感謝というところです。

完治することがない心臓病はゴールが見えない長い闘いなので、その途中「犬も元気だし、今やっている治療に本当に意味があるの？」と思ってしまうこともあるでしょう。また、おやつやおいしいごはんを食べられなくて可愛そうという思いから、病気よりも犬の一瞬の喜びを優先してしまうことも理解できなくはありません。

しかし、ルビーちゃんのように慢性的につき合っていた病気がいざ悪くなったときに、「もっと日頃から気をつけていればよかった・・・」と後悔することになるのです。みんながみんなルビーちゃんの飼い主さんのように「優等生」として更生するチャンスをもらえるとは限りません。すでに取り返しがつかなくなってからでは遅いので、ときには気を引き締めておくことも大切です。

犬の食事やしつけ、飼い方に関しては飼い主さんの自己判断で行うものです。自分の犬の性格やくせ、体調は飼い主さんがいちばんよく分かっているからです。「自分の犬の理解者は自分だけ!」という気持ちが強い飼い主さんがいますが、そういう方ほど愛犬が病気になった場合にも自分で判断して行動してしまいがちです。しかし、「犬の病気」に関しては安易に自己判断することはオススメできません。その判断のせいで犬の寿命を縮めてしまうことすらあるので、たいへん危険です。

現在、獣医師になるためには6年間も大学に通わなくてはなりません。長ければいいというわけではありませんが、卒業して国家資格を得るためには、程度の差はあれ、どんな獣医師もそれなりの努力と勉強を積んでいます。さらに卒業後はひたすら経験を積むことで成長していきます。毎日症例と向き合って、失敗や成功から学んでいます。動物の医療に関しては、そんな獣医の言うことを信じた方が、得策と言えるのではないでしょうか?

どの世界でも、専門的なことはその道のプロに聞くべきです。自分で調べたり考えたりすることはできますが、効率が悪いですし、まちがった答えに行き着いてしまう危険性もあります。なので、専門家を頼るのがいちばん手っ取り早くて賢いやり方だと言えます。

ただし、専門家の中には無茶苦茶なことを言ったり、行ったりする人がいるのも事実です。なので、前項の「病院を適当に決めたこと」を参考に、まずは信頼できる病院（獣医師）を見つけるのが先決です。そして、「この人！」という獣医を見つけたときは、できれば「優等生」としておつき合いしていくことをお願いします。決して獣医のために言っているわけではありません。あなたと、あなたの愛犬のためです。

REGRET-18

不注意で事故にあわせたこと

「ついうっかり」が一生消えない後悔に・・・日常に潜み、突然襲ってくる危険を再認識しておきましょう

犬にとっての危険は日常に潜んでいます。だからと言って身の回りすべての物事に対して、「これは犬に危ない!?」と神経質になりすぎると毎日が楽しくなくなってしまうので、そこまでとは言いませんが、やはりどんな危険があるのかを知っているのといないのとでは、危機管理に差が出ることは確かです。とくに取り返しがつかない危険に関しては「知らなかった」や「ついうっかり」では済まされません。

普段はどんなに聞きわけがよく落ち着いた犬であったとしても、犬は時として人が「まさか!」と思うような行動をすることがあります。数年前の海外のニュースでは、海岸沿いの高台の上を散歩中の犬がカモメの群れを見つけて興奮し、追いかけようとして30メートルはある崖の上

から海に向かって飛び降りたという話がありました。この犬は、狩猟本能に突き動かされて、周りが見えなくなってしまったそうですが、子供と一緒で、急に予想外の行動に出ることがあるので注意が必要です。（たいへん運の良いことに、この犬の命に別状はなかったそうです！）

犬の保護者である飼い主さんにとっては、そんな突発的な行動でちょっとヒヤッとするくらいで済む場合もあれば、その一瞬の出来事を生涯悔やんで過ごすことになる場合もあります。

ここで、私が実際に目にした、飼い主さんが自責の念に苦しむことになる事故のケースをいくつかご紹介しておきます。

〈事故ケース1〉　飼い主さんによる骨折

トイ・プードルのノエルちゃんは、まだ1歳になる前に「前足を痛めたようで、かばって歩いている」と来院しました。詳しい話を聞いてみると、おばあさんが抱っこした際に暴れて落としてしまったと言います。レントゲンの結果、足は骨折していました。じつは成長期の骨折はとてもやっかいです。骨がまだ成長過程にあるので、慎重に治療しないと、他の骨との長さがアンバランスになってしまいます。さらに、犬には安静にしておいてほしくても思い通りにはいかないのが現実です。

ノエルちゃんはまだまだ遊び盛りで元気いっぱいの時期に、家の中でもケージに入って運動制限をしなくてはならないという、辛い生活を余儀なくされました。毎日、外に出してほしくて鳴いていたそうですが、そんな姿を見る飼い主さんも「自分の不注意のせいで……」と、相当辛い思いをしたと言います。

〈事故ケース2〉　薬や異物の誤食

ミニチュア・ダックスフンドのマロンちゃんはお姉さんの顔を舐めていて、ふいにお姉さんが耳につけていたピアスを奪い取るように飲み込んでしまったと言います。「なんでそんなものを⁉」と、これにはさすがにびっくりしてしまいますが、それが犬なのです。ほかにもテーブルに置かれた、人用の薬を袋からあさって飲んだ犬や、脱ぎ捨ててあった靴下を飲み込んだという犬もいます。

ピアスを飲み込んでしまったマロンちゃんの場合ですが、ピアスの先端は尖っているため、のどに引っかかったり胃や腸を傷つける恐れがあります。ひどい時には胃壁や腸壁を破って穴をあけてしまうこともあり、そうなると大変危険です。すぐに胃洗浄をして、吐き出させることになりました。マロンちゃんは理由もわからないまま何度も吐かせられ、大変苦しい思いをしましたが、こればかりは仕方がありません。４度ほど吐かせた時になんとかピアスが出てきました。苦しい思いはしましたが、お腹を切って取り出すまで至らなかったのは不幸中の幸いと言えます。

お姉さんは吐き疲れてげっそりしているマロンちゃんに「ごめんね、ごめんね」と何度もあやまり続けていました。

〈事故ケース3〉　交通事故

私がトイプードルのチョコちゃんと会ったのは、たったの10分間だけでした。その10分の間、病院のスタッフ全員で、できるすべての治療と処置をしましたが、小さな命をつなぎ止めることはできませんでした。チョコちゃんはまだ4歳という若さで、その短い生涯を終えました。その原因となったのが「交通事故」です。

チョコちゃんはほとんど手がかからない、とても頭の良い犬だったと言います。飼い主さんはそんなチョコちゃんに安心して、リードをはずして道を歩くこともあったそうです。飼い主さんから聞いた話によると、その日もノーリードでの散歩中、後ろからついて来ていたはずのチョコちゃんの激しい鳴き声で振り返りました。すると、チョコちゃんはすでに道に横たわり苦しそうにうめき声をあげていました。

飼い主さんは何が起きたかもわからないまま、あわてて駆け寄りましたが、チョコちゃんは痛みでパニック状態でした。見た目に大きなケガはありません。しかし、飼い主さんの頭をよぎったのは、「車にはねられた！自分が目を離したから・・・。自分はなんて馬鹿なことをしてしまったんだ・・・」そんな気持ちだったと言います。

チョコちゃんが病院に運び込まれたときにはすでに意識反応が乏しく、血圧も低下し、ショック状態におちいっていました。レントゲンでは骨盤が何ヵ所も折れていることが分かりました。

そしてチョコちゃんはまもなくして、飼い主さんに見守られながら息を引き取りました。そのときの飼い主さんの自責の念、後悔と言ったら想像を絶するものだったと思います。「ノーリードだったのが悪い！」、「目を離すなんて、信じられない！」。気をつけて犬を飼っている人なら誰もがそう思うことでしょう。私も内心は怒りが湧いていました。しかし、飼い主さんをいくら責めてもすでに手遅れです。飼い主さんがこれ以上苦しんでも、誰のためにもなりません。

今ご紹介した3つのケースは、たくさんある事故のうちのほんの一握りでしかありません。

ただ、この話を頭の片隅にでもとどめておいてもらえたら、あなたが同じ間違いを犯すことは決してないはずです。とくに3つ目の「交通事故」に関しては、「外出時は必ずリードをつける」、「車には十分気をつける」というのは、犬を飼っているなら当然の話です。それでも毎年、交通事故はなくなりません。時にはリードをつけているにもかかわらず、車に当たってしまった犬もいます。気をつけている方には申し訳ないですが、念押しで言わせてもらいます。車の通りがあるところでは、必ずリードを短く持ってください。のびるタイプのリードを使っている場合は操作によく注意することを忘れないでください。

事故というのは、いつだって思いがけず起きるものです。そう考えると、どんなに注意していたとしても防ぎようがない時もあるでしょう。愛犬がいつ事故にあって、いつあなたとお別れすることになるかは誰にも分かりません。チョコちゃんのように、ある日の散歩中に突然…かもしれません。

そんな時、自責の念に苦しんだり、後悔したり、「○○ちゃん、ごめんね」と涙ながらにあやまり続けることにならないように、普段から後悔しないための暮らし方を心がけてもらいたいと願っています。

REGRET-19

病気をあきらめたこと

飼い主さんと闘病し、余命2ヶ月から2年を得たビーグル犬のゴン太

もしも、あなたの愛する犬の余命があと2ヶ月しかないと言われたら、あなたはどうしますか?そして、もしも、その余命を2年に延ばすことができるとしたら…、あなたは犬に何をしてあげる決意がありますか?あなたの犬が病気だということがわかった時、あるひとつの決断をしなくてはなりません。それは、「治療をする」もしくは、「治療をしない」という決断です。

ビーグル犬のゴン太は8歳の時に悪性リンパ腫という病気が見つかりました。悪性リンパ腫とはリンパ球が骨髄以外の色々な体の部分で腫瘍性に増殖していく病気です。治療しないでいると、あっという間に肺や肝臓など、どこにでも転移が起こり、死に至る怖い病気でもあります。

リンパ腫のタイプやステージによっても異なりますが、ゴン太の場合は治療しない場合の余命は約2ヶ月と推測され、治療をしてうまく効果が得られた場合には、その余命を2年にまで延ばせる可能性がありました。

自分の犬が癌だと知らされ、その余命を聞いた時、ゴン太の飼い主さんはその場で声もなく泣き崩れました。「こんなに犬一倍元気なゴン太が、癌だなんて…とても信じられません。」そう言うのがやっとの様子でした。

というのも、ゴン太は病院でも有名なくらい大変パワフルな犬でした。（口が届かないように高いところに乗せておいた、まんじゅう1箱やカステラ1本を豪快に盗み食いしてしまう、なんてことも日常茶飯事の犬でした…）そんなゴン太が病気なんて！私自身とても信じられない気持ちでしたが、残念なことに病理検査の結果からもリンパ腫という診断は揺るぎない事実でした。犬のリンパ腫はかなり研究が進んでいるのと、抗がん剤がよく効くタイプの腫瘍だということがせめてもの救いだったと言えます。

「すぐにでも抗がん剤の治療を開始しましょう。」いったん時間をおいて少し飼い主さんが落ち着いてから、治療計画とその効果や抗がん剤の副作用、かかる費用を説明しました。その説明を聞いた飼い主さんは、「お願いします。必要なことはすべてやってあげてください。」そう、即答しました。病気と闘うことを決意した飼い主さんの頑張りには、私たち病院のスタッフもただただ感心するばかりでした。

抗がん剤の治療費は決して安いものではありません。抗がん剤自体も高価なことに加えて、毎日の投薬、副作用の確認のための定期的な血液検査やレントゲン検査など、他の病気よりも治療費がかかります。さらには、最初は毎週、その後様子を見ながら2週間に1回というペースで半日ほど預かって抗がん剤の投与をしなくてはならず、休日のほとんどをゴン太に費やす必要がありました。それでも、飼い主さんは泣き言ひとつもらさず、きちんと指示を守って通院してくれていたのです。

そんな飼い主さんの頑張りが功を奏したのか、その後の2年間、ゴン太は一見すると病気だとは思えないほど元気に過ごしました。そして、ゴン太はとうとう10歳の誕生日を迎えることができました。そのときの飼い主さんの笑顔は心底輝いていて、日頃の苦労が一瞬吹き飛んだように見えました。

しかしながら、病は目に見えないところで確実にゴン太の体を蝕んでいたのです。2年と少しが過ぎた頃、恐れていたことが起こりました。どの抗がん剤もほとんど効かなくなってしまったのです。

よく話し合った結果、飼い主さんは「これ以上のガンの治療はやめて、自宅でのんびりと過ごさせてあげようと思います。これからは、思いっきり甘やかしてゴン太の好きなものもたくさん食べさせたいんです。」と言いました。この時ばかりは私も「そうですね、たくさん甘やかしてあげてください！」と言って見送りました。もう長くはもたない・・・ということが、十分に予想できたからです。それから2ヶ月もしないうちにゴン太は天国へ旅立ちました。後になって、「お迎えが来るまでの2ヶ月間、相変わらず盗み食いをしたり、大好物のローストビーフを好きなだけ食べることができたんですよ。」とゴン太らしいエピソードを聞くことができました。
ゴン太を自宅で看取ったあとの飼い主さんの顔は、寂しそうではありましたが、清々しい満足感が漂っていました。「いただいた2年の間にできるすべてのことをしてあげられました。ゴン太と家族でたくさん大切な思い出を残すこともできました。本当に、長い間お世話になりました。」この飼い主さんの言葉には、涙ぐまずにはいられませんでした。これまでのゴン太との楽しい思い出や苦労の数々が折り混ざって、寂しさと共に押し寄せてきました。

病気と大いに闘って、最後には力つきたとしても、それは病気に負けたのとはちがいます。長い闘病生活を送り、最期には力つきてしまった犬の飼い主さんの中には、「こんなに長く苦しませるんじゃなかった。」と後悔する人もいます。しかし、どちらにしても後悔するのであれば、病気と闘ってする後悔を選択してください。なぜなら、病気をあきらめて何もしなかったときの後悔に比べると、その後悔には天と地ほどの差があるからです。

病気の種類にもよりますが、ゴン太と飼い主さんのように病気と闘う決断をしたことで、丸2年間を得ることだってできるのです。いちど余命宣告を受けたあとの2年間というのは、本当にかけがいのない時間だったことでしょう。これは、「神様がくれた時間」でもなんでもなく、飼い主さんが努力して勝ち取った時間に他なりません。

ここまでのことは誰にでもできる生半可なことではありません。「時間の自由」、「経済力」、「精神力」が必要になってきます。この3つをあなたの犬が必要とした時に、あなたはそれに応えることができますか?

もしもあなたが、「できるすべてのことをしてあげられた!」そう自信をもって愛犬を天国に送り出すことを望むのであれば、できるだけ早いうちから、そのための準備をしておくことをオススメします。

DOG'S QUALITY OF LIFE

第5章　犬とのお別れ編

REGRET-20

最期を決断
できなかったこと

何よりも辛く、重要な決断・・・
あなたは「愛犬の最期」を選ぶことができますか？

日常はすべて何気ない決断のくり返しです。人が自分自身のことを決めるのは当たり前ですが、犬を飼っている以上、愛犬にとってはあなたが保護者です。すべての決断と、その際に生じる責任はあなたにあります。

かつて、「うちの子（犬）は自分の事は何でも自分で決めるんです。病院もココがいいと言ったから連れてきました。予防注射は以前おしりに打たれて嫌だったから、今日は背中に打って欲しいと言っています。」と、大まじめに言い放った飼い主さんもいましたが・・・これはだいぶ特殊な例ですね。

これまでの章では、あなたにできるだけ正しい決断をしてもらえるようにとの一心でお話しをしてきました。愛犬のことを決断するための予備知識や判断材料を、エピソードを交えながらできるだけ分かりやすくお話ししたつもりです。暮らしのこと、気持ちのこと、健康のこと、病気のこと、考えてみればどの決断にも「答え」がありました。私の知識や経験から考えて、「こうした方がより犬のためになる」だとか「より後悔が少ないですよ」と、オススメすることができました。

しかし、中には答えのない決断をしなくてはならない時があります。それは、犬と暮らしているすべての人に遅かれ早かれ必ずやってきます。その時、あなたは自分で決めなくてはなりません。獣医にアドバイスを求めたり、経験者の話を聞くことはもちろんできますが、その決断の「答え」は結局自分の中にしかないのです。

最も辛くて、何より大事な決断。それは、「愛犬の最期を決める」という決断です。これを辛いからといって、人任せにしたりすると、それまでの犬とのすばらしい暮らしがすべてチャラになってしまうくらい、強い後悔につながることさえあります。

私はこれまで、末期的な状態になった動物ともたくさん向き合ってきました。そんな中で、あるひとつの教訓を得ることができました。それをみなさんにも知ってもらい、ぜひ一緒に考えてもらいたいのです。まず、動物の終末医療において「治療と苦痛のバランスを考える」ということは重要ですが、このバランスは獣医師にとっても、飼い主さんにとっても大変むずかしい課題だと言えます。検査をするのか、しないのか。治療をするのか、しないのか。治療はいつまで続けるのか。治療をしなかったらどうなるのか。そういったことを総合して考える必要があります。

何匹も犬の最期を見届けてきた獣医ですら、同じ状況を目の前にして対応が真っ二つに分かれることもあります。これは、獣医師の治療に対する方針(病院自体の方針)のちがいによって変わってきます。

ある獣医は「できる限り最期まで治療を続けてあげましょう!」と勧めます。それは、治療によって病気の症状を抑えている場合に、それを止めると動物が苦しい思いをすることがあるからです。苦痛がないのであれば、一分一秒でも生きていて欲しいという考え方です。

別の獣医は「治療をやめて家に連れて帰ってはどうですか?」と勧めます。それは、もう回復の見込みはうすいと判断した場合に、治療効果が落ちたとしても、病院で息を引取るより過ごし慣れた家のほうが犬の気持ちが落ち着くだろうと察するからです。回復の見込みがないのに、治療で延命するのは無意味だという考え方です。

あなたはどちらの意見に賛成ですか?気が動転している飼い主さんはどちらの選択肢にしろ、「先生がそう言うのなら、その通りにしておこう・・・」となることが多いです。なぜかというと、いざ選択と決断が必要なときにはショックと悲しみで思考回路がストップしてしまう方が実際にたくさんいるからです。そして、後になってそんな自分に腹が立ったり、「それだけが心残りだ」とおっしゃる方もいます。万が一にもあなたにそんな後悔はしてほしくありません。

以前、こんなことがありました。

ヨークシャーテリアのヴィヴィちゃんは心臓と腎臓に持病がありましたが、薬を飲みながらも元気に過ごしていました。しかし、15歳になった頃、とうとう病気が悪化して末期的な状態になってしまいました。食事も少しずつしか食べられず、点滴と注射をしながら命を繋いでいる状態です。飼い主さんは長期間仕事を休んでまで、日中はヴィヴィちゃんを病院に預けて治療し、夜は家に連れて帰ってほとんど寝ないで必死に看病するという生活を1ヶ月以上続けていました。

いつ何が起きてもおかしくないような状態で治療を続けてきたのは、飼い主さんも承知の上でした。そしてある日の夕方、いつもの時間に飼い主さんがお迎えに来たちょうどその時に、急にヴィヴィちゃんの容態が悪化してしまいました。ヴィヴィちゃんは最期に、お母さんを待っていたかのように一目だけ会って、天国へ旅立ちました。

飼い主さんはその時は気丈に「ありがとうございました。お世話になりました。」と言って、ヴィヴィちゃんをお家に連れて帰りました。病院としては治療を続けてなんとか楽にしてあげよう、ヴィヴィちゃんの生命力のあるかぎり手伝おうという方針でした。飼い主さんもその考えに同意してくれていたはずでしたが、後々になって自分の気持ちを見つめ直した時に、決断を人任せにしたことに対しての「後悔」の気持ちが頭をもたげてきたと言います。

飼い主さんは、「本当は家で看取ってあげたかったのに、先生の言うことだからと思って言えなかった。」と、ご自分に腹を立てていました。こちらも精一杯やったつもりでしたが、何とも申し訳なくてやりきれない思いです。

本当に獣医の判断の責任は重大だと思い知らされます。本来ならば、「できる限り治療をして、亡くなる数日前には自宅に帰してあげる」、そうできたらどんなに良かったことでしょう。しかし、病状によっては難しく、コントロールができません。動物の死期は経験と勉強を積めば多少の予測ができる場合もあれば、どうしても予測できないこともあります。

「それなら、両方の選択肢を提示して、その効果とリスクを説明すればいいんじゃない？」と思うかもしれません。しかし、先にもお話しした通り、獣医によっても意見が分かれます。現状としては、動物病院自体にも「その病院の方針」というのがあることが多いです。なので、両方の選択肢を提示した上で、病院の判断でどちらか一つの方法をお勧めするような形になる場合が少なくないように感じます。

こんな時、後悔しないために大切なことは、飼い主さんが自分の望み、考え方を事前に自分の中で整理しておくことです。そして、それをしっかりとかかりつけの獣医にも伝える必要があります。考え方は人それぞれで他人には分かりませんが、きちんと希望を言っておけば、叶うことの方が多くなります。遠慮せずに口に出して言っておくことをオススメします。そうすれば、たとえ神様のいたずらで思うようにはいかなかったとしても、自分を責めたり、愛犬に申し訳なく思うことは軽減できるように思います。

そして、家族で事前によく話し合うことも忘れてはいけません。気が動転して「自分がどうしたいか」すら考えていなかった場合、「家族がどうしたいか」というところまで、気がまわらないものです。また、「話さずとも気持ちは通じている」と思い込んでしまっていることもあります。

いくら家族とはいえ、個々の考えは違うものだと思っておいた方がいいでしょう。そして、意識的に自分の気持ちを口に出して、相手の気持ちにも耳を傾けておくようにすることをオススメします。じつは家族の中でも意見が分かれていて、後になってわだかまりが残ったという話も聞きます。

家族みんなで「この子にやれるだけのことはしてあげられた」、そう思える決断をすることが何よりも大切です。

REGRET-21

安楽死を決めたこと

どんな状況でもまず動物優先で考えるべき！「安楽死」は飼い主の苦痛を和らげる選択肢ではありません

『安楽死』という言葉。「安らかで楽な死」、そう言うと聞こえはいいですが、これを実際に選択することは決してたやすいことではありません。この言葉が出てくるのは、獣医師側からの提案のように思われがちですが、じつはそうとばかりは言えないのです。どんなに愛する犬とはいえ、介護や看病が長く続き飼い主自身の生活や精神が脅かされてくると、飼い主さんの頭の中にはこの3文字が浮き上がってくることがあります。

16歳を迎えた柴犬のシロちゃんを突然引き取らざるを得なくなった、ある飼い主さんがいました。元の飼い手はその方のご近所さんだったそうですが、引越しを理由にシロちゃんをどうしても飼うことができないと言って、ほとんど強引に置いていってしまったそうです。押しつけられた方はもともと犬好きだったこともあり、年老いたシロちゃんを放っておくこともできず、しぶしぶ飼うことにしたと言います。

しかし、実際に老犬の世話をするというのは想像するよりもずっと過酷なことでした。まず、引き取ってすぐにシロちゃんの「夜鳴き」が始まりました。深夜2時頃になると決まって、シロちゃんは耳を突き刺すような甲高い声で鳴き出します。ワォオン、ワォオン、ワォオン・・・・1時間おきに吠えてはやめてを繰り返し、真夜中にいつ止むともわからない犬の声が響きわたります。

若い犬の要求吠えや警戒吠えに対しては、しつけをしたり要求を満たすことで一時的にでもやめさせることができます。それは、犬が意思をもって吠えているからです。しかし、この「老犬の夜鳴き」というのはほとんど無意識のように一心不乱に吠え続け、一度吠えだすと叱ろうがどうしようが誰にも止めることができません。ただただ、犬が疲れて吠え止むのをじっと待つしかありません。しかもその方の住まいは集合住宅だったため、その鳴き声は隣のお宅まで筒抜けでした。

周囲の方々も最初は、「シロちゃんはお年寄りだものね、少しボケちゃったのかしら？仕方ないわよね」などと言ってくれていましたが、それが毎晩続くと、方々から苦情の電話がかかってくるようになったと言います。自宅での仕事もシロちゃんの鳴き声がうるさくてほとんどはかどらない状態が続き、病院に相談に来たときの飼い主さんは少しノイローゼぎみのように見受けられました。

さっそくシロちゃんを診察したところ、夜鳴き、旋回運動（同じところをぐるぐる回る）などの典型的な老齢性の痴呆の症状が確認できました。それ以外の健康状態は歳相応の病気はあるものの比較的良好で、食事もよく食べ、足腰も丈夫でまだまだ元気です。動物病院からできる提案は、夜間に鎮静剤を飲ませることでした。さらに、飼い主さんの仕事が忙しい時には一時的にでもペットホテルで預かることを話し合いました。

しかし、いくら鎮静剤の量を増やしても夜鳴きは完全にはおさまらず、飼い主さんの悩みは解消しません。数ヶ月、そんな生活をやり過ごしたあと、飼い主さんの周囲から持ち上がったのが『安楽死』の3文字でした。飼い主さん自身は、「シロちゃんをお世話していくのは、もう限界なんです。それでも安楽死の決断はどうしても私にはできません、もうどうしたらいいのか・・・」と涙ながらに話されました。

幼いときから世話をしていた犬だったら、家族との絆ができていますし、どんな状態になろうとも最期まで見届けることができたでしょう。しかし、その方からすると、シロちゃんを家族と呼ぶにはまだ時間が足りません。言うなれば赤の他人の介護を背負い込んでしまったという状態で、それは大変気の毒なことです。しかし、たとえどんなに飼い主さんが気の毒だったとしても、安楽死を選択する際には倫理的な基準があるべきです。その基準に照らし合わせると、この場合は安楽死を選択すべきではありませんでした。安楽死は動物の生死にかかわることです。私は、獣医師として、このときばかりは飼い主さんよりも動物優先で考えるべきだと信じています。
人の介護や看病も辛いですが、動物も同じです。人と動物のただひとつの違いは、闘病中の人は「もう辛いんだ」とか「死にたい」などと言いますが、動物はそんなことは絶対に望まないという点です。命が途切れる最期の最期まで、精一杯生きようとします。それは、多くの動物を看取って来て分かったことです。もちろん、やむを得ず安楽死が必要な場合もあります。それは、治療の効果がなく、薬も効かず、痛みや苦しみが続いて、回復する見込みがまったくなくなったと判断される場合です。苦しみの中でただ死を待つだけの状況なのだとしたら、そのときこそ勇気をもって安楽死を選ぶべきです。

「うちの子の変わり果てた姿を見ているのがつらいので、安楽死させてあげてください!」と言う方がいます。長い年月を共に過ごしてきた愛犬ならなおさら、元気な姿を知っているだけに、そんな姿は見たくないものです。しかし、もっとも重視すべきことは、飼い主さんが見ているのが辛いかどうかではなく、犬の今感じている苦痛をいかに和らげることができるのかどうかです。安楽死とは本来そのためにだけあるものです。それ以外の場合はよくよく紐解いてみると、人間の勝手な都合に他なりません。「安らかで楽な死」、それは犬の苦痛を和らげるためであって、見ている人の苦痛を和らげるためのものではないということを忘れてはいけません。回復不可能な苦しい病ではなく、人の都合がその理由だとすれば、逆に必ず解決策があるはずです。

こういった相談を受けるとき、私は「安楽死以外の選択肢が、もうひとつも残されていないのか?」ということを飼い主さんとよく話し合うようにしています。そうすると、まだ実際に試していなかった案が浮かび上がって来たりするものです。安楽死を選ばずとも、必ず何かしら打つ手はあります。自分で叶えられない時には、人の手を借りることだってできます。

ぜひ、この「安楽死」という3文字の言葉に悩まされた時には、正しい判断基準をもって、愛犬優先の選択をしてあげてください。

REGRET-22
死を乗り越える術を知らなかったこと

必ず訪れる愛犬との悲しい別れ・・・ペットロスに陥らないために知っておくべきこと

「愛犬の死を乗り越える?そんなこと今は考えたくない、ぜったい無理!」

今、この項のタイトルを読んで、あなたは急に本を閉じたくなったかもしれません。元気いっぱいの犬と暮らすあなたにとって、今から話すことは考えたくもないことでしょう。しかし、事前に知っておくことで必ずあなたの役に立つ情報です。何とかおつき合いいただければ幸いです。

どんな形であれ、愛犬との別れはいつか訪れます。それは、人間よりも寿命が短い犬と暮らすことを決意したその日から、誰にとっても避けては通れない道です。あなたもすでに経験したことがあるかもしれませんが、愛犬との別れは無条件に辛くて・・・大変苦しいものです。

そんな想像を絶する苦しみを、なんの予備知識もないまま体験する人が中にはいますが、私はそういう飼い主さんを見ると大変心配になります。例えるならば・・・丸腰で戦場に出向くようなものではないでしょうか。トラウマ体験となり、苦しみが思いのほか長引いて周囲に心配をかけたり、そこから抜け出せずに自分を見失ってしまうこともあります。それが、ペットを喪失する＝ペットロスと呼ばれる体験です。

犬が「愛玩動物」という意味でペットと呼ばれていた時代から、人生のパートナーである「伴侶動物」と定義されるようになった現代にかけて、ペットロスは社会現象となりつつあります。何も知らないで実際にペットロスに陥っている人を見たあなたは、「心の病になっている」といった印象を受けるかもしれません。しかし、ペットロスは病気ではありません。

誰でも愛犬を失ったら、悲しくて苦しいのは当たり前です。ペットロスとは、その苦しみからなかなか抜け出せず、心の整理がつけられない状況をさす言葉です。実際のところ、心の整理がついたかどうかの境界線はよくわかりませんよね。言ってしまえば、どんなに心が強い人だとしても、ひとつボタンをかけ違えれば誰でも簡単にペットロスになる可能性があります。

さて、ここでひとつ想像をしてみてください。(辛いとは思いますが・・・)もしもあなたの愛犬が虹の橋へと旅立ったとき、あなた自身はどうなってしまうと思いますか?その場にならないと分からないとは思いますが、ある程度予想しておくことはペットロスを予防する上では有効です。あなたが体験するであろう喪失感は、あなたの中に占める犬の「存在」によって違ってきます。今、犬はあなたにとってどんな存在でしょうか?

例えば・・・

大切なひとり息子だったり、一家の笑わせ役のムードメーカーだったり、番犬だったり(今時、少数派でしょうが)、わがままな恋人だったり、一緒に遊ぶ親友だったり、時にはどっしりと構える長老?だったり。本当にたくさんの役割を担っていると思います。

あなたが犬を愛する気持ちが強ければ強いほど、別れの苦しみも大きなものになることは容易に想像がつきます。愛犬の死を受け止めるやり方は人それぞれなので、どんな感情を抱いたとしても不思議はありませんし、そうであっていいと思います。まずはとことん、悲しむことが大切です。そうして、時間が徐々に悲しみを癒してくれるのを待つしかありません。

しかし、多くの飼い主さんは「その、時が経つのを待っている時間がどうしようもなく苦しいんですよ。」と言います。考えてみると実際に私が関わった飼い主さんの中でも、スムーズに愛犬との別れを受け入れることができた人と、そうでない人に分かれます。その違いは何だろう？と考えた時に見つけた答えがペットロスを予防したり、愛犬の死を乗り越えるためのヒントになると思うので紹介しておきます。

私自身も小さい頃から無意識のうちにやってきたことです。人によって効果に差があるでしょうが、多くの人が実際に行っている方法なので試す価値はありますよ。

①きちんとお別れをする

辛いからといって別れをあいまいにすると、心にケジメがつかないままになってしまいます。

信頼できるペット霊園などで供養する、お通夜やお葬式を行う、お墓をつくって定期的にお参りするなどの行動をとることが、愛犬の死を受け入れる助けになってくれます。世間には「たかがペットにそこまでしなくても・・・」などと言う人もまだまだいますが、家族を失ったのと同じ気持ちの遺族にとっては大切な儀式です。周りの人の言葉よりも、「どうしたいか?」を自分自身に問いかけることをオススメします。

②思い出を整理する

詳しくは次の項で説明しますが、天国の愛犬へ手紙を書く、アルバムにコメントを書く、ブログに綴るなど、きちんと愛犬への気持ちを文字にすることは自分の気持ちを整理する上で大変有効な手段です。また、愛犬の思い出について語るのも大切です。家族や友達、お散歩仲間、かかりつけの動物病院で愛犬の思い出や亡くなった時の話をすることは、愛犬の死を受け入れて前に進む助けになります。辛い時にこそ、周囲からの理解や癒しの言葉が身にしみるものです。

③残された ペットを大切にする。

犬はどの子も違います。なので、別れの喪失感自体はもちろん変わりませんが、やはり多頭飼いのほうが、残されたペットの世話に集中することで気がまぎれて、つらい孤独感が和らぐようです。「寂しくて耐えられないからこの子がいてくれてよかった…」と、ぽろっと出た本音をきくこともあります。自分がペットロスになるかもしれないと思うのであれば、他のペットを迎えることを検討するのもいいかもしれません。

④新しい犬を迎える。

この提案はすんなり受け入れることができる人と、激しく拒絶反応を示す人に分かれます。「犬のいない生活は考えられない!」と数週間以内に新しい犬を家族に迎える人もいれば、「すぐに新しい犬を飼うなんて信じられない!他の犬を身代わりにしているようで可愛そう」と罪悪感を抱いて何年も犬を飼わない人もいます。この2つのパターンを実際によく目にしていますが、その後の生活を見守る限り、誰が何と言おうと私は前者をオススメします。

十分悲しんで、徐々に納得して愛犬の死を受け入れることができた後でいいのです。愛犬を亡くして少し落ち着いた頃というのは、実際どうしようもない孤独感や無力感におそわれることが多い時期です。それがまた、悲しみとは別の意味でつらいことでもあります。新たに犬を迎えることになった際に、ペットショップやブリーダーから気に入った犬を購入するのも構いません。ただ、それよりも前に一度考えてもらいたいのは、「保護犬を家庭に迎える」という選択です。

「病気をあきらめたこと」の項でご紹介した、癌と闘ったビーグル犬のゴン太の飼い主さんは、ゴン太を天国に見送った数ヶ月後に、ジョンというビーグル犬を保護センターから引き取りました。最初は「当分犬を飼う気なんてなかった」そうですが、ひょんなことから彼と出会ってしまったのだそうです。偶然なのか必然なのかはわかりませんが・・・。その後のジョンと飼い主さんの息はぴったりで、とても幸せそうに暮らしています。こんな運命には誰も逆らえませんよね。

このような選択は、生半可な心構えでできることではありません。しかし、犬とひどく辛い別れを経験して絶望を感じている人にとってはとくに有効です。放っておいたら人間のエゴで殺されてしまう犬を救って大事にするということは、あなたの孤独感や無力感を新しい犬との生活の使命感へと変化させてくれるはずです。

インターネットで検索すれば、保護犬の里親を募集するサイトが多数ありますし、ペットショップに行く前に試しに閲覧してみてはいかがでしょうか。保護犬を迎える際は必ず実際に足を運んで、きちんと運命の犬と対面して下さい。その犬の一生を丸ごと引き受けることを覚悟の上で決断することをお忘れなく！

REGRET-23
思い出を封印してしまったこと

愛犬との別れで体験する堪え難い苦しみ・・・
思い出を整理して愛犬が生きた証を残してあげましょう

いつか必ず「別れ」は訪れます。そんなときに愛犬との思い出を整理することは、予想以上に辛いものです。なぜならそれは自分の気持ちに整理をつけることであり、「愛犬の死を認める」という行為だからです。じつはこの作業、誰にでも容易にできることではありません。

「痛みを避けて快楽を得ようとする」という行動は、どんな生物にも共通していることですが、基本的には人間だって同じです。誰だって辛いことからは目をそらしたいものです。それが、愛犬を亡くした直後であればなおさらです。使っていた寝床、遊んでいたおもちゃ、好きだったおやつ、よく散歩で行った公園・・・どれを目にしても悲しくなるので、できるだけ遠ざけようとするのが自然でしょう。しかし、辛いからといっていつまでも心にふたをしておくのはオススメできません。

なぜかというと、気持ちの整理がつけられないまま感情を封印してしまっている可能性があるからです。心にふたをすることで周囲から見た場合はもとより、当の本人さえも平気なように錯覚してしまいます。そして、同じような体験やまた別の苦境を味わった時に、わっと感情が爆発してコントロールできない状態になってしまうことがあります。周囲から見ると、「なんでそんな些細なことで・・・?」と思うような出来事でも大騒ぎしたり、感情的になってしまうのです。困ったことに、それがなぜなのかは本人にもよく分からないといった状態です。


じつは私にも経験があります。

子供の頃、実家でラブラドール・レトリバーのルカという犬を飼っていました。ルカはとても愛嬌のある犬で、私をみるといつもシッポを振りながら寄ってきました。体が大きいので夏には庭でシャンプーをしてあげていましたが、ウットリとした顔をして気持ち良さそうにしていたものです。シャンプーしてあげた後はいつもよりよけいに仲良くなって、私の後をスリスリとくっついて回りました。私はそんなルカが大好きでした。

高校生になって隣町の寮に入るために、私は家を出ることになりました。あるとき、「ルカの具合が悪い」と、親から電話で知らされました。心配しつつも学校があるため、なかなか帰れないでいたのですが、その知らせから数日後にルカはあっけなく亡くなってしまいました。

ルカの最期にも会えず、具合が悪いときに看病もしてあげられなかった。たまに実家に帰ったときに相手をするくらいで、ルカは寂しい思いをしていたのではないかと、後悔の気持ちだけが強く残りました。

そのときの私は心にふたをして、このことはあまり考えないようにしてしまいました。そうして、なんとか心の平静を保ちました。そのうち、学校生活や受験勉強にいそがしくて、悲しみは癒えたように思いましたが・・・、なにかの折にふと思い出すと感傷的になってしまったり、突然涙があふれてくることもありました。

そんなことをくり返していたあるとき、ルカが笑っているお気に入りの写真を机の引き出しの中に見つけました。そしてなに気なくそれをアルバムに入れて「ずっと大好きだよ」と書いたハートの付せんを貼りました。これにはちょっとセンチメンタルな印象を受けるかもしれませんが…、後々になってみれば、この作業が意外にも効果があったように思います。紙に書くことで、ルカへの気持ちを再確認することができたのです。

このことは、愛犬にしてやれなかったことへの「後悔や罪悪感」を思い出として持ち続けることから、「愛犬と一緒に過ごした時間や愛犬への大切な気持ち」を思い出にしようと頭を切り替えるきっかけになりました。

失った時間はどんなに悔やんでも取り戻すことはできませんが、楽しい思い出はいつでも心の中で思い返すことができます。後悔や罪悪感からは良いことはなにも生まれません。後悔や罪悪感から生まれるのは、「こんなに悲しいなら、犬なんて飼わなければよかった」というような否定的な感情だけです。それでは、愛犬が与えてくれた楽しい時間やすばらしい気持ちさえも否定してしまうことになります。愛犬の生も死もまるごと認めて、人はやっと前に進むことができます。そして、その体験を活かして「次は後悔しないように」と思うことで成長できますし、それこそが唯一意味のあることなのではないでしょうか。

「愛犬との思い出を整理することは、愛犬の死を認めるという行為です。」と、最初に言いましたが、同時に愛犬の生きた証を残すことであり、愛犬の生を肯定することなのです。誤解があるといけないので言っておきますが、「愛犬を亡くしたら、辛い気持ちをガマンしてでもそのコのことを思い出してください！」などと言っているわけではありません。少し時間が経って落ち着いたら、あるいはどんなに時間がかかってでも十分悲しんだ後に、愛犬との思い出を振り返ってみる時間を忘れずにとってもらいたいのです。「自分は大丈夫！」と思うかもしれませんが、大切なことです。騙されたと思ってでも、ぜひ一度試してみてください。やり方は人それぞれ、なんでもかまいません。要は「きっかけ」にさえなればいいのです。

例えば、アルバムを作ってみたり、家族で寄せ書きをしてみたり、居間に写真を飾ったり、天国の愛犬にむけた手紙を書いてみたり、ブログに思い出を綴ったりしてみてはいかがでしょうか。

文字にするだけでなく、言葉として口に出すとさらに効果大です。愛犬を知る人と思い出話をすると、自然と自分の気持ちが整理されていくのが分かると思います。楽しかったことも辛かったこともひっくるめて、口に出してしまいましょう。

いつかあなたにその時が訪れたら、思い出してください。そして五感をフル活用して、何でも思いつくままの方法であなたの愛犬が生きた痕跡を残してあげてください。そうすることで、目には見えない耐え難い苦しみからあなたを救えると同時に、そんなあなたを見て、愛犬も安心して天国へと旅立つことができると信じています。

最後に、作者不詳として伝わる、「虹の橋」という詩をご紹介しておきます。もうご存知の方も多いとは思いますが、この詩は動物を愛する人々によってさまざまな国の言語に翻訳され、世界中に広まっています。

この詩が、犬とお別れした後のあなたの辛さを、少しでも和らげてくれることを願っています。

虹の橋

天国のほんの少し手前に、『虹の橋』と呼ばれる場所がある。
この地上にいる誰かと愛しあっていた動物は、死ぬとその『虹の橋』へ行く。
そこには、草地や丘がひろがっていて、
動物たちはいっしょになって走ったり遊んだりすることができる。
たっぷりの食べ物と水、そして日の光に恵まれ、
彼らは暖かく、快適に過ごしている。
病気にかかっていた子も歳老いた子も、みんな元気を取り戻し、
傷ついたり不自由なからだになっていた子も、
もとどおりの丈夫な体を取り戻す。
まるで過ぎた日の夢のように。

動物たちはみんな幸せに暮らしているけれど、ひとつだけ不満がある。
それは、それぞれにとって特別な誰かさんが、
あとに残してきた誰かさんがいないのを寂しく感じているのだ。

動物たちはいっしょに遊んで時を過ごしている。
でも、ある日そのうちの一匹が足を止めて遠くを見つめる。
その瞳はきらきらと輝き、体は喜びで小刻みに震えはじめる。
突然、その子はみんなから離れて、緑の草地を跳ぶように走っていく。
あなたを見つけたのだ。
とうとう出会えたあなたたちは、抱きあって再会を喜びあう。
もはや二度と別れることはない。
喜びのキスがあなたの顔に降りそそぎ、
あなたの両手は愛する友の頭と体をふたたび愛撫する。
そして、あなたは信頼にあふれたその瞳をもう一度のぞきこむ。
あなたの人生から長いあいだ姿を消していたが、
心からは一日たりとも消えたことがないその瞳を。

それから、あなたたちはいっしょに『虹の橋』を渡るのだ。

DOG'S QUALITY OF LIFE

おわりに

ある暑い夏の日のことでした。シーズーの太郎くんは夜のうちに熱中症にかかり、朝から病院にかつぎこまれました。しかし、その日の午後には懸命の治療も空しく息を引き取りました。まだ5歳の若さでした。

容態の急変を聞いて病院へかけつけた飼い主さんは、「太郎ー！！！ごめんね、ごめんね・・・」「お母さんが悪かった・・・ごめんね・・・」すでに息を引き取った愛犬を抱きしめながら、必死に何度も何度も語りかけていました。

こんな飼い主さんの姿を見ると胸がしめつけられて、こちらにも大きな後悔の念が押し寄せてきます。「こういう場面に遭遇するたびに、飼い主さんが「ごめんね」と言わないように、私がもっとしてあげられることはなかったのだろうか?と、自問してしまいます。病院に訪れてくれた方と常日頃から話をしたり、ブログやメルマガを使ってインターネット上で情報をいくら発信し続けても、やはりそれを実践するかしないかは飼い主さん次第です。

私に出来ることといえば、獣医として目の前の動物に最善を尽くすことと、事前に想定されることをできる限り多くの人に呼びかけることくらいです。すでに天国へ旅立った愛犬を前に絶望している飼い主さんに私がしてあげられることは、もうほとんどありません。なぜなら、その時点で重くのしかかってくる後悔に関してはすでに手遅れで、それを取り払うことは誰にもできないからです。唯一できることは、じっと辛抱強く時が癒してくれるのを待つことだけです。

太郎くんのように「前の日までいつも通り元気で、これからもずっと一緒に暮らすのが当たり前のように思っていたのに、今日になって突然いなくなってしまった・・・」そんな絶望感をあなたは想像できるでしょうか?

それはこの本を書くにあたっていちばん想定しづらく、「どうやっても後悔を免れることはできないのではないか?」と思われるほどの強敵にちがいありません。


それでも、ただ傍観しているわけにはいきません。

どんなに気をつけていても、誰にでも平等にいつかは死が訪れます。それが明日か、一年後か、ずっと先かは分かりません。しかし、この本の大筋である「後悔しないように普段から意識して過ごす」、「愛犬との時間を大切にする」ということだけでも頭に残しておいていただければ、少なからず無防備な状態で愛犬との別れを体験することにはならないはずです。

この本を読んだあなたには愛犬との絶望的な未来が訪れることは、まずありえないのです。

そのためにはできるだけ早く、今日からでも行動に移してもらわなければなりません。

そもそも「後悔をまったくしない」などということは、複雑な感情を持つ人間である以上、無理な話です。しかし、「後悔しないための行動を、犬が元気なうちにしておく」ことで、その後悔の重みを減らすことは必ずできます。この本では、実際に飼い主さんが感じることが多い後悔を書き並べてきたわけですが、そうならないための行動をひとつでも多く試してみることで、どんどん重さを減らしておくことをあなたにぜひオススメしたいと思います。

この本に書いてきたひとつひとつの内容が役に立つ、立たないは人それぞれだと思います。すでに知っていることや、「当たり前だよ！」と思うこともあったかもしれません。ただ、その当たり前が世間にはまだまだ浸透していないのも事実なのです。

もしも、あなたがすでに気をつけているのでしたら、ぜひお友達にも教えてあげてください。そうすることで、犬と幸せに暮らす輪がどんどん広がっていってくれたら、私としてもこれに勝る喜びはありません。

「ごめんね」ではなく、「ありがとう」と言ってあげられるような、愛犬との後悔のない過ごし方を一人でも多くの方に知ってもらい、実際に行動に移してもらいたいと願って止みません。

最後になりますが、この本を書く機会を与えてくださったトランスワールドジャパンの遠山さん、たくさんの愛情をかけて私を獣医にしてくれた両親、何でも相談にのってくれる姉、獣医として成長させてくれた代診先の院長とスタッフのみんな、学生時代からずっと私の背中を押してくれた最愛の旦那さん、そしていつも応援してくださる「犬と長生き」を目指す同志の皆様にこの場を借りて、心から感謝します。

ここまで耳の痛い話や辛い話もあったかと思いますが、
辛抱強く最後まで読んでくださった犬を愛するあなたにも感謝を込めてエールを送りたいと思います。

「愛犬と悔いなく！　長生きを目指しましょう！」

青井すず

犬が死ぬとき後悔しないために 改訂版

発行日 2018 年 3 月 20 日　初版第 1 版発行

デザイン　CIRCLEGRAPH
編集　喜多布由子　岡田タカシ（TRANSWORLD JAPAN INC.）

著者　青井 すず
発行人　佐野 裕
発行　トランスワールドジャパン株式会社

〒 150-0001
東京都渋谷区神宮前 6-34-15 モンターナビル
TEL/03-5778-8599 FAX/03-5778-8743

印刷・製本　中央精版印刷株式会社
PRINTED IN JAPAN

ISBN978-4-86256-230-2